SUBSTÂNCIAS HÚMICAS
AQUÁTICAS

FUNDAÇÃO EDITORA DA UNESP

Presidente do Conselho Curador
José Carlos Souza Trindade

Diretor-Presidente
José Castilho Marques Neto

Editor Executivo
Jézio Hernani Bomfim Gutierre

Conselho Editorial Acadêmico
Alberto Ikeda
Antonio Carlos Carrera de Souza
Antonio de Pádua Pithon Cyrino
Benedito Antunes
Isabel Maria F. R. Loureiro
Lígia M. Vettorato Trevisan
Lourdes A. M. dos Santos Pinto
Raul Borges Guimarães
Ruben Aldrovandi
Tania Regina de Luca

Editora Assistente
Joana Monteleone

SUBSTÂNCIAS HÚMICAS AQUÁTICAS
INTERAÇÕES COM ESPÉCIES METÁLICAS

JULIO CESAR ROCHA
ANDRÉ HENRIQUE ROSA

Editora UNESP

© 2003 Editora UNESP

Direitos de publicação reservados à:

Fundação Editora da UNESP (FEU)
Praça da Sé, 108
01001-900 – São Paulo – SP
Tel.: (0xx11) 3242-7171
Fax: (0xx11) 3242-7172
www.editora.unesp.br
feu@editora.unesp.br

Dados Internacionais de Catalogação na Publicação (CIP)
(Câmara Brasileira do Livro, SP, Brasil)

Rocha, Julio Cesar
  Substâncias húmicas aquáticas: interações com espécies metálicas / Julio Cesar Rocha, André Henrique Rosa. – São Paulo: Editora UNESP, 2003.

Bibliografia.
ISBN 85-7139-474-1

1. Química aquática 2. Substâncias húmicas I. Rosa, André Henrique. II. Título.

03-3656   CDD-547.8

Índice para catálogo sistemático:

1. Substâncias húmicas aquáticas: Interações
com espécies metálicas: Química orgânica 547.8

Este livro é publicado pelo projeto *Edição de Livros Didáticos de Docentes e Pós-Graduados da UNESP* – Pró-Reitoria de Pós-Graduação e Pesquisa da UNESP (PROPP) / Fundação Editora da UNESP (FEU).

Editora afiliada:

Asociación de Editoriales Universitarias
de América Latina y el Caribe

Associação Brasileira das
Editoras Universitárias

AGRADECIMENTOS

Os autores agradecem a J. C. de Andrade; N. Baccan; C. Pasquini; C. A. F. Granner; A. A. Cardoso; R. S. Barbieri; A. Santos; C. R. Bellato; I. A. S. Toscano; J. J. de Sene; R. A. Cantarela; T. C. Santos; P. M. Padilha; S. C. Oliveira; R. L. Mascarelli; E. Sargentini Jr.; L. F. Zara; R. Hirche; L. P. C. Romão; A. B. Araújo; F. S. Carvalho Neto; I. C. Bellin; A. G. R. Mendonça; G. R. Castro; R. L. Serudo; H. C. da Silva; L. C. Oliveira; e W. G. Botero.

Os autores expressam sua especial gratidão ao Dr. Peter Burba, do Institut für Spektrochemie und Angewandte Spektroskopie (ISAS), de Dortmund, Alemanha, pelo intercâmbio acadêmico, pelas discussões científicas e pela amizade.

À Fundação de Amparo à Pesquisa do Estado de São Paulo (Fapesp); ao Conselho Nacional de Desenvolvimento Científico e Tecnológico (CNPq); e ao Deutscher Akademischer Austauschdienst (DAAD-Alemanha), por bolsas de estudos e suportes financeiros.

Agradecimentos especiais ao Intituto de Química da UNESP de Araraquara-SP e à Editora UNESP.

Aos nossos familiares Demirço, Tercília, Izabel,
Vô Fitti, Vó Maria, Landa, Caio e Bruno.

À memória do
Prof. Celso Augusto Fessel Graner.

SUMÁRIO

Apresentação 11

Prefácio 13

1. Histórico 17

2. Classificação das substâncias húmicas 23

3. Origem e formação das substâncias húmicas 27
   Decomposição de restos animais e vegetais 27
   Mecanismos propostos para a formação
   das substâncias húmicas 29

4. Estruturas das substâncias húmicas 33

5. Importância das substâncias húmicas no ambiente 37

6. Substâncias húmicas aquáticas 41
   Extração de substâncias húmicas aquáticas 44
   Fracionamento das substâncias húmicas aquáticas 48
   Caracterização das substâncias húmicas 57
   Interações entre substâncias húmicas aquáticas
   e espécies metálicas 66

7. Considerações finais, novas perspectivas e
aplicações das substâncias húmicas 101

8. Referências bibliográficas 105

APRESENTAÇÃO

Este livro é uma tentativa de suprir a falta de material didático e científico escrito em português sobre substâncias húmicas. Destina-se a estudantes de graduação e pós-graduação e a pesquisadores envolvidos em estudos relacionados à química do húmus, principalmente a interações de metais com moléculas orgânicas em sistemas aquáticos. Os dados apresentados são oriundos de experimentos feitos no Brasil com amostras coletadas em vários mananciais localizados no território nacional.

Apresenta-se um breve histórico sobre a origem e a formação das substâncias húmicas cujo enfoque é, sobretudo, o desenvolvimento e as aplicações de metodologias analíticas para tentar isolar, classificar e caracterizar o material escuro extraído de alguns tipos de solo. Embora haja similaridades entre substâncias húmicas extraídas de solos e aquáticas, o propósito deste livro é descrever, apresentar e discutir resultados experimentais mostrando a importância das substâncias húmicas aquáticas (SHA) do ponto de vista ambiental, pois o estudo de interações de SHA com espécies metálicas auxilia a interpretar fenômenos de transporte, trocas, acúmulo e disponibilidade dessas espécies em sistemas aquáticos.

Nesse contexto, apresentam-se diferentes metodologias para extração de SHA com as respectivas vantagens e desvantagens. Uma etapa importante para caracterizar e estudar as propriedades das

SHA é o fracionamento, do qual são descritos vários procedimentos. Dá-se especial ênfase para fracionamento de SHA com base no tamanho molecular utilizando filtros comerciais dotados de membranas com diferentes porosidades. Discutem-se caracterizações de SHA, utilizando técnicas analíticas tais como TOC, IV, UV-VIS, RMN, EAA, ICP-AES.

Quanto às interações entre espécies metálicas e SHA, o livro traz uma abordagem sobre complexação de metais de modo geral e dados de estudos cinéticos com discussões sobre labilidade relativa entre espécies metálicas complexadas com SHA e resinas trocadoras de íons. E mostra que, em determinadas condições ambientais, as SHA podem agir como um "tampão", dificultando a liberação de metais para participarem de reações nos sistemas aquáticos. Apresentam-se determinações de constantes de troca utilizando procedimentos analíticos desenvolvidos recentemente e discute-se a função das SHA no ciclo global do mercúrio. Nesse caso, segundo dados experimentais, as SHA atuam também como espécies redutoras podendo disponibilizar mercúrio elementar da coluna d'água para a atmosfera.

Descrevem-se também experimentos recentes os quais resultaram em novas perspectivas para aplicações tecnológicas de substâncias húmicas, como na imobilização de enzimas.

Os autores esperam que este livro auxilie pesquisadores e desperte o interesse de jovens ingressantes na carreira acadêmica para as ciências ambientais, principalmente para estudos de interpretação de fenômenos relacionados com espécies metálicas em sistemas aquáticos. Portanto, trata-se de uma contribuição para o equacionamento e a busca de soluções para alguns dos problemas ambientais. E considerando que a constante busca do aperfeiçoamento é parte da investigação científica, toda crítica com o intuito de melhorar este trabalho será bem aceita pelos autores.

Julio Cesar Rocha
André Henrique Rosa

PREFÁCIO

Escrever este prefácio é um trabalho que fazemos com sensação de orgulho e satisfação. O livro *Substâncias húmicas aquáticas: interações com espécies metálicas*, de Julio Cesar Rocha, colega de fainas pelo desenvolvimento da ciência das substâncias húmicas no Brasil, e de seu ex-aluno André Henrique Rosa, já trazia uma apresentação e um capítulo sobre o histórico das substâncias húmicas. Assim, achamos por bem ir além do que se faz no prefácio tradicio-nal. Segundo a ABNT, prefácio "é texto de esclarecimento, justificação, comentário ou apresentação, escrito pelo autor ou por outra pessoa". Resolvemos levar nossa tarefa a termo tentando abordar aspectos outros que trouxessem mais informações aos leitores sobre a importância desta obra. Um comentário inicial diz respeito ao desenvolvimento da alquimia e a aspectos da matéria orgânica em solos e águas do Egito antigo.

A palavra alquimia, de onde derivou o nome da ciência química, teve origem no termo grego *chemia*, com o artigo árabe *al* como prefixo. Considera-se que provavelmente *chemia* derive de *chemi*, que significa escuro, negro. Por causa do solo escuro do Vale do Nilo, os gregos chamavam o Egito de Chemi ou Kemi. Os solos do Vale do Nilo apresentavam cor escura, ao contrário do vermelho do deserto, devido ao alto teor de matéria orgânica, ou húmus, que o rio trazia das florestas da África nas suas enchentes. Desse modo, o próprio nome da ciência química teria surgido de propriedade peculiar da matéria orgânica de águas e solos, a cor escura.

Entre as funções dos professores universitários estão as atuações no ensino e na pesquisa. Defende-se essa dupla atuação dos docentes, entre outras razões, porque fica muito mais interessante e realista ensinar para os alunos conteúdos que foram trabalhados na própria universidade, às vezes mesmo no decurso da aula. Assim as duas atividades acabam por produzir sinergia, uma com relação à outra. O texto que aqui apresentamos é exemplo perfeito das atividades de ensino e pesquisa dos dois autores no Departamento de Química Analítica do Instituto de Química da UNESP, em Araraquara (SP). Ao mesmo tempo que contém aspectos históricos interessantíssimos, como vimos, o trabalho de pesquisa com as substâncias húmicas exige esforço enorme para colocá-lo em nível científico adequado. Segundo o professor Fritz Hartmann Frimmel, da Universidade de Karlshue, Alemanha, ex-presidente da International Humic Substances Society (IHSS), alguns dos aspectos-chave para credenciais específicas que envolvem o trabalho científico no campo da química das substâncias húmicas são: (1) a padronização dos processos de extração das SH e para isso a disponibilidade de padrões de referências; (2) a utilização das poderosas ferramentas das espectroscopias de NMR e de massa em combinação com pirólise para a identificação de blocos moleculares; (3) a aplicação da cromatografia de exclusão com multidetecção, incluindo espectroscopias vibracional e eletrônica, medidas em linha para a caracterização direta da matéria orgânica em solução; (4) a aplicação de fluorescência nos modos estático e resolvida no tempo para estudar estados excitados e formação de complexos; (5) o estudo de reações das SH com reagentes bem definidos; e (6) o desenvolvimento de modelos computacionais para obter estruturas moleculares por minimização de energia. Diferentemente de outras subáreas da química, em ciências húmicas composição refere-se à funcionalidade e às moléculas componentes. Mostrando a atualização necessária para ser considerada obra de valor em estudo de SH, neste livro todos ou quase todos esses aspectos são abordados, em menor ou maior escala. Além disso, vantagens e desvantagens de cada método ou técnica são apresentadas e avaliadas.

Para compreender os papéis ambientais das espécies metálicas teremos que entender suas interações com as SH. Nesse enfoque, as SH são ligantes macromoleculares do ambiente que tanto tornam íons metálicos tóxicos não biodisponíveis quanto auxiliam a biodisponibilidade de micronutrientes importantes para os seres vivos. Ao contrário de muitos outros livros sobre substâncias húmicas, este tem como enfoque principal a interação de SH com espécies metálicas do ambiente.

Este trabalho chega em excelente momento da expansão das necessárias pesquisas sobre SH no Brasil. Em reconhecimento ao esforço dos nossos cientistas nessa área, está sob a responsabilidade do capítulo brasileiro da IHSS a organização da XI International Humic Substances Conference, que ocorrerá em 2004 no Brasil, na cidade de São Pedro (SP). Dela participarão cientistas de renome da área de SH, brasileiros e de todo o mundo.

Dadas as dimensões continentais do nosso país – o Brasil, com seus 8.511.000 km^2 de área, ocupa praticamente a metade das terras da América do Sul – e suas características ambientais diversificadas e específicas em razão do clima tropical da maior parte do seu território, estudos como este são fundamentais para o nosso desenvolvimento e para a preservação do grande patrimônio ambiental que possuímos. Nossos estudantes de química, agronomia, engenharia ambiental e de muitas outras especialidades, nos níveis de graduação e de pós-graduação, no Brasil e em outros países de língua portuguesa, serão os maiores beneficiados pela possibilidade de acesso a modernas técnicas e métodos de pesquisa em SH. A obra escrita em língua portuguesa, e não simplesmente traduzida, pode fazer despertar nos jovens o interesse por esta área da ciência, vista como um possível campo de atuação profissional futuro. Fazer ciência de SH passa a ser trabalho de pessoas próximas, que eles conhecem, que falam a língua deles, e não só o trabalho de seres estranhos e pouco reais para eles.

Por tudo o que foi dito, consideramos muito importante este trabalho, tanto pelo seu conteúdo e forma quanto pelo momento em que é editado.

A. S. Mangrich
DQ/UFPR
Curitiba, abril de 2003.

I HISTÓRICO

A primeira tentativa para isolar substâncias húmicas (SH) de solo foi de Achard, em 1786 (apud Stevenson, 1928a), quando submeteu turfas a solventes alcalinos e obteve uma solução escura a qual precipitava por acidificação. Esse material, solúvel em álcali e insolúvel em ácido, foi denominado ácidos húmicos (AH), e mantém essa definição até hoje. Achard observou ainda que grande quantidade desse material poderia ser extraída de turfas em razão de seu alto estágio de decomposição. Saussure, em 1804 (apud Stevenson, 1982a), introduziu o termo *humus* (do latim, equivalente a solo) para descrever o material orgânico de coloração escura originado do solo. Percebeu que o húmus era derivado de resíduos vegetais, rico em carbono mas pobre em hidrogênio e oxigênio. Os primeiros estudos com o objetivo de compreender a origem e a natureza química das substâncias húmicas foram feitos por Sprengel em 1826 e 1837 (apud Stevenson,1928a). Muitos dos seus procedimentos foram adotados, como o pré-tratamento do solo com ácidos minerais e posterior extração alcalina. Sprengel concluiu que solos ricos em bases apresentavam maior teor de ácidos húmicos, o que elevava a fertilidade deles. A maior contribuição de Sprengel para a química do húmus foi seu extenso estudo sobre a natureza ácida dos ácidos húmicos.

Berzelius (1839, apud Stevenson, 1982a), desenvolveu importante trabalho a respeito das propriedades químicas das substâncias húmicas, dando contribuições importantes sobre extração, conteúdo elementar e composição de complexos metálicos (Al, Fe, Cu, Pb, Mn etc.) com substâncias húmicas. Conseguiu separar compostos do húmus, como os ácidos apocrênico e crênico, utilizando extração alcalina seguida de tratamento com ácido acético e acetato de cobre. As investigações de Berzelius disseminaram-se entre os estudantes contemporâneos, e especialmente Mülder (1862 apud Stevenson, 1982a), propôs a seguinte classificação, baseada na solubilidade e na cor das SH:

• humina: insolúvel em álcali;
• ácidos húmicos (castanho e preto): solúveis em álcali;
• ácidos crênico e apocrênico: solúveis em água.

Mülder e outros contemporâneos acreditavam que as diferentes frações húmicas eram compostos quimicamente individuais, e que não continham nitrogênio. Embora equivocado, tal conceito perdurou até o final do século XIX, quando pesquisadores começaram a questioná-lo.

A segunda metade do século XIX foi marcada pela proliferação de esquemas de classificação e separação de novos produtos resultantes da decomposição de resíduos de plantas, solos e misturas geradas em laboratório. Mais tarde, Waksman (1936 apud Stevenson, 1982a) e Kononova (1966) deram importantes colaborações nesses estudos.

No final do século XIX, surgiram críticas a respeito da obtenção em laboratório de produtos similares aos naturais. Esse período foi marcado pelo grande número de trabalhos propondo uma classificação das frações húmicas. Entretanto, apenas a do ácido hematomelânico, proposta por Hoppe-Seyler (1889, apud Stevenson, 1982a), mantém-se até hoje. Essa substância é obtida dos ácidos húmicos por extração alcoólica. Até o final do século XIX, já havia sido firmemente estabelecido que "húmus era uma mistura de substâncias orgânicas de natureza coloidal apresentando propriedades ácidas", e haviam sido obtidas algumas informações sobre as interações dessas substâncias com outros componentes do solo.

No período 1900-1940, muitos esforços foram feitos para classificar e determinar a natureza e a estrutura das substâncias húmicas. A mais importante contribuição foi a de Óden (1914 apud

Stevenson, 1982a; 1919), classificando as substâncias húmicas nos seguintes grupos:

- humina: fração insolúvel em água, álcool e álcali (classificação já proposta por Berzelius (1839 apud Stevenson, 1982a);
- ácidos húmicos (AH): fração escura solúvel em álcali mas insolúvel em ácido, com cerca de 58% em carbono;
- ácido hematomelânico: classificação sugerida por Hoppe-Seyler (1889, apud Stevenson, 1982a), constitui a fração dos ácidos húmicos solúvel em álcool. Segundo Óden, essa fração pode ser formada quando os ácidos húmicos sofrem decomposição durante extração alcalina. Esse material é escuro como os ácidos húmicos e possui cerca de 62% de carbono;
- ácidos fúlvicos (AF): fração de coloração castanha, solúvel em álcali e ácido; possui composição similar à dos ácidos crênico e apocrênico de Berzelius. Óden acreditava ainda ser o nitrogênio um contaminante dos ácidos húmicos, não fazendo parte da estrutura.

Schreiner & Shorey (1911 apud Stevenson, 1982a), fizeram uma série de trabalhos para identificação de ocorrência de compostos orgânicos específicos no solo, especialmente das substâncias húmicas. Após três décadas estabeleceram a existência de cerca de quarenta compostos orgânicos individuais incluindo ácidos orgânicos, hidrocarbonetos, ésteres, aldeídos, carboidratos, lipídeos e substâncias que contém nitrogênio. Estudos sobre a toxicologia desses compostos no crescimento das plantas atraiu a atenção de pesquisadores no período subseqüente.

Na década de 1910 iniciaram-se os estudos sobre a origem do húmus. A teoria de maior consideração surgiu com Maillard (1916), o qual propunha a formação das substâncias húmicas durante o processo de decomposição de resíduos vegetais. A seguir, baseado em Maillard, surge o conceito de humificação, também considerando a formação das substâncias húmicas em razão da atividade de microorganismos. Esse conceito de humificação é mantido até hoje. O processo de humificação inicia-se com a decomposição hidrolítica de resíduos vegetais com formação de substâncias simples de natureza aromática. A seguir, há oxidação por enzimas microbianas levando à formação de hidroxiquinonas. A condensação das quinonas leva à formação das substâncias húmicas. Williams (1914 apud Stevenson, 1982a) postulou a existência de dois estágios de humificação. O primeiro começa com a decomposição de resíduos vegetais e compostos simples e o segundo com a síntese de substâncias de natureza mais complexa.

Na década de 1930 intensificaram-se os estudos para esclarecer a origem do húmus e duas teorias prevaleceram. De acordo com uma delas, o húmus seria formado de ligninas modificadas do resíduo de plantas, e de acordo com a outra a partir da reação de celulose e açúcares. Shmook (1930 apud Stevenson, 1982a) associou a formação das substâncias húmicas com a presença de microorganismos no solo. Por esterificação dos ácidos húmicos com álcool na presença de ácido clorídrico, Shmook mostrou a ocorrência de grupos carboxílicos em sua estrutura. Também concluiu que os ácidos húmicos são formados por dois componentes principais, como anéis aromáticos derivados de lignina e nitrogênio de origem protéica de microorganismos. Fuchs (1930 e 1931 apud Stevenson, 1982a), Hobson & Page (1932) e outros propuseram a formação do AH a partir de ligninas. Essa proposta foi muito influente por algumas décadas. A interação entre proteínas e ligninas modificadas formando o AH ocorreria de acordo com a reação de Schiff:

$$C_{52}H_{46}O_{10}(OCH_3)COOH(OH)_4CO + H_2NRCOH \rightarrow C_{52}H_{46}O_{10}(OCH_3)COOH(OH_4)C=NRCOOH + H_2O$$

Os argumentos-suporte da teoria de Hobson & Page são:

- o AH tem propriedades similares às das ligninas modificadas, como a presença de anéis aromáticos e certos grupos funcionais (por exemplo: OH fenólicos);
- o tratamento alcalino de ligninas leva à formação de substâncias com propriedades (solubilidade, cor etc.) semelhantes às do AH;
- lignina resiste ao ataque de microorganismos;
- complexos de lignina-proteína, preparados em laboratório, possuem propriedades características de AH de solos e turfas.

No final da década de 1930, aplicaram-se muitas técnicas no estudo das SH, na tentativa de propor uma estrutura para o AH. Springer (1938) conseguiu fracionar o AH em *gray humic acid* e *brown humic acid* utilizando eletrólitos. A redissolução do AH em álcali seguida da adição de KCl até concentração 0,1 mol L^{-1} precipita os ácidos húmicos *gray*. Este possui alto teor de carbono e baixa condensação. Os ácidos húmicos *brown* estão presentes em grande quantidade em turfas, têm baixo teor de carbono e alta condensação.

Waksman (1936 apud Stevenson, 1982a), ajustando o pH do filtrado da separação do AH em 4,8, conseguiu fracionar e isolar uma fração dos ácidos fúlvicos. Hobson & Page (1932) e Kononova (1966) chamaram o composto isolado de fração β do húmus (*β-fraction of humus*). Por ser rico em alumínio, também foi chamado Al-humato.

Page (1930) sugeriu o termo "material húmico" para descrever o material orgânico coloidal de alta massa molecular de coloração escura e "material não húmico" para substâncias orgânicas sem cor, resultantes da decomposição biológica de resíduos de vegetais e animais, tais como ceras e celulose. Essas duas expressões sugeridas por Page são análogas às de substâncias húmicas e não húmicas dos dias de hoje. Os ácidos fúlvicos geralmente são definidos como a mistura de ambos os tipos.

2 CLASSIFICAÇÃO DAS SUBSTÂNCIAS HÚMICAS

A matéria orgânica presente nos solos, turfas e sedimentos consiste em uma mistura de produtos, em vários estágios de decomposição, resultantes da degradação química e biológica de resíduos vegetais e animais, e da atividade de síntese de microorganismos. Essa matéria é chamada de húmus, substâncias húmicas (SH) e substâncias não húmicas. A base da diferenciação é que as substâncias não húmicas são de natureza definida, como aminoácidos, carboidratos, proteínas e ácidos orgânicos, ao passo que as substâncias húmicas são de estrutura química complexa, compondo um grupo de compostos heterogêneos (Stevenson, 1982b).

O Quadro 1 mostra a classificação das diferentes frações húmicas baseada em suas características de solubilidade, segundo alguns autores.

Durante a extração com álcali, as SH podem ser divididas em três principais frações: os ácidos húmicos definidos operacionalmente como a fração das SH solúvel em meio alcalino diluído, a qual precipita pela acidificação do extrato alcalino; os ácidos fúlvicos, fração que permanece em solução quando o extrato alcalino é acidificado; e a humina é a fração não extraída por ácido ou álcali diluído (Hayes, 1998).

O Quadro 2 mostra definições freqüentemente utilizadas na química do húmus.

Quadro 1 – Classificação das diferentes frações húmicas baseada em suas características de solubilidade

Frações	Solubilidade	Sprengel 1837*	Berzelius 1839*	Mülder 1862*	Hoppe-Seyler 1889*	Óden 1914*/1919	Springer 1938
Humina	Insolúvel em álcali	Humus coal	Humin	Humin, ulmin	Humin	Humus coal	---
Ácidos húmicos	Solúveis em álcali, precipitam por acidificação	Humus acid	Humic acid	Humic acid	Humic acid	Humus acid	Humic acid
AH brown	Não precipita em solução alcalina na presença de eletrólitos	-------	-------	-------	-------	-------	Braun-huminsaure
AH gray	Precipita na presença de eletrólitos	-------	-------	-------	-------	-------	Grau-huminsaure
Ácido himatomelânico	Solúvel em álcali e álcool, precipita por acidificação	-------	-------	-------	Ácido himatomelânico	Ácido himatomelânico	-------
Ácidos fúlvicos	Solúveis em álcali e não precipitam por acidificação	-------	Crenic acid, Apocrenic acid	Crenic acid, Apocrenic acid	-------	-------	-------

Apud Stevenson (1982a).

Quadro 2 – Definições freqüentemente utilizadas na química do húmus

Termos	Definições
Substâncias húmicas / material húmico / húmus	Substâncias de coloração escura, elevada massa molecular, estrutura complexa e indefinida. Resultantes da decomposição de vegetais e animais.
Substâncias não húmicas	Substâncias presentes no solo de composição e estrutura definida, como aminoácidos, carboidratos, ceras, lipídeos, resinas, ácidos graxos etc.
Humina	Parte do material orgânico presente no solo de coloração escura, insolúvel em álcalis e ácidos.
Ácidos fúlvicos	Material colorido remanescente após separação dos ácidos húmicos por precipitação em meio ácido.
Ácidos húmicos	Material orgânico de coloração escura. Pode ser extraído do solo por vários reagentes e é insolúvel em meio ácido (pH < 2).
Ácido himatomelânico	Fração dos ácidos húmicos solúvel em álcoois.

3 ORIGEM E FORMAÇÃO DAS SUBSTÂNCIAS HÚMICAS

DECOMPOSIÇÃO DE RESTOS ANIMAIS E VEGETAIS

A composição química elementar média (carbono, nitrogênio, fósforo e enxofre) de resíduos vegetais e animais é listada no Quadro 3. Carbono é o elemento predominante, com teores de até 50%, enquanto nitrogênio varia entre 2,8% e 15%. Fósforo e enxofre raras vezes ultrapassam 1%.

Quadro 3 – Composição elementar média de resíduos animais e vegetais presentes no solo, base seca

Resíduos	Composição química elementar (%)			
	Carbono	Nitrogênio	Fósforo	Enxofre
Bactérias	50	15	3,2	1,1
Actomicetos	50	11	1,5	0,4
Fungos	44	3,4	0,6	0,4
Minhoca	46	10	0,9	0,8
Esterco	37	2,8	0,54	0,7

Adaptado de Jenkinson (1991).

Em todos os resíduos vegetais e animais do solo estão presentes proteínas, lipídeos e ácidos nucléicos, ou seja, os três constituintes vitais das substâncias celulares. A quantidade de proteína varia desde menor que 1% na madeira até cerca de 50% nas bactérias (Jenkinson, 1991).

A maior parte do nitrogênio orgânico do solo deve-se a restos animais e vegetais. Fazem parte ainda da composição dos seres vivos quantidades significativas de monossacarídeos, aminoácidos livres e peptídeos, além de quantidades reduzidas de clorofila, pigmentos, resinas, terpenos, alcalóides e taninos também incorporados naturalmente ao solo. Organismos decompositores utilizam energia contida em resíduos animais e vegetais presentes no solo para sobrevivência, originando o húmus. Os processos de humificação e mineralização ocorrem sob ação de enzimas específicas. Certas enzimas são ubíquas, ou seja, são encontradas em quase todo tipo de solo. Exemplos típicos são a urease, a catalase e a fosfatase.

Outras enzimas são produzidas no solo somente em circunstâncias especiais, como a desidrogenase, a qual parece estar condicionada à quantidade de matéria orgânica decomponível e à biomassa do solo (Stevenson, 1985). Como os polissacarídeos são os compostos mais abundantes, as polissacaridases desempenham importante função na decomposição dos constituintes do solo (Finch, Hayes & Stacey, 1971). Uma enzima de extrema importância é a urease, pois degrada a uréia e tem como produtos finais ácido carbônico e amônia. As enzimas proteolíticas são responsáveis pela degradação de aminoácidos e as exo-peptidases separam grupos livres (-COOH, -NH$_2$) do final das cadeias.

Polifenóis presentes em vacúolos de vegetais na forma de heterosídeos, como os taninos, são também liberados por hidrólise enzimática. Como são muito reativos ao ar, se oxidam espontaneamente em pigmentos marrons do tipo húmus. Entre os taninos, os chamados condensados podem constituir precursores dessas substâncias húmicas.

Com a morte das células, os constituintes nitrogenados transformam-se por autodestruição da célula pelas suas próprias enzimas hidrolisantes (autólise). Os aminoaçúcares evoluem para aminas e as proteínas para aminoácidos e polipeptídeos hidrossolúveis. A degradação dos ácidos nucléicos libera as bases púricas e pirimídicas, as quais se associam às SH ou são adsorvidas nas superfícies dos argilominerais. Os constituintes hidrogenados das paredes celulares manifestam maior remanescência nos solos, por causa de sua menor velocidade de decomposição. É particularmente o caso da quitina, a qual constitui uma das principais moléculas estruturais dos artrópodos e dos fungos, e do ácido murâmico, seu homólogo das paredes bacterianas. As clorofilas são rapidamente degradadas mas os produtos finais, os feoforbídeos, podem permanecer no meio em quantidades muito pequenas por longo tempo, podendo ser usados como traçadores geoquímicos. Os pigmentos carotenóides, as graxas e as ceras são também lentamente oxidados (Jenkinson, 1991).

Segundo Minderman (1960), a decomposição dos constituintes orgânicos vegetais seguem a seguinte ordem crescente de dificuldade de decomposição: açúcares > hemicelulose > celulose > lignina > graxas > fenóis.

A lignina é considerada a principal fonte de matéria húmica em turfas. Em razão de sua complexidade e estrutura polifenólica muito estável, a decomposição das ligninas exige um sistema de enzimas específicas, encontradas em poucas espécies de microorganismos, como os fungos basideomicetos e as bactérias lignolíticas. Após a primeira fase de degradação, os compostos aromáticos liberados podem ser metabolizados por uma população bastante diversificada de microorganismos (Swift et al., 1979 apud Cardoso, Tsai & Neves, 1992).

MECANISMOS PROPOSTOS PARA A FORMAÇÃO DAS SUBSTÂNCIAS HÚMICAS

A determinação da estrutura das SH bem como a bioquímica de sua formação constituem ainda hoje, apesar de vários estudos na área, um dos aspectos pouco compreendidos da química do húmus. Entre esses estudos destacam-se Kononova (1966), Schnitzer & Khan (1978), Gieseking (1975 apud Cardoso, Tsai & Neves, 1992) e Stevenson (1982b e 1994).

A Figura 1 esquematiza pelo menos quatro vias principais de formação das SH durante a decomposição de resíduos no solo. O principal processo é a oxidação de substratos hidrolisados monoméricos, para conduzir a polímeros macromoleculares de cor mais ou menos escura e massa molecular elevada. As quatro vias podem ocorrer simultaneamente no solo, porém não com a mesma extensão e importância.

O mecanismo 1 propõe a formação do húmus a partir da polimerização não enzimática por condensação entre aminoácidos e açúcares formados como subprodutos da atividade microbiana. Os mecanismos 2 e 3 envolvem a participação de quinonas e, representando a teoria clássica, no mecanismo 4 as SH seriam derivadas de ligninas modificadas.

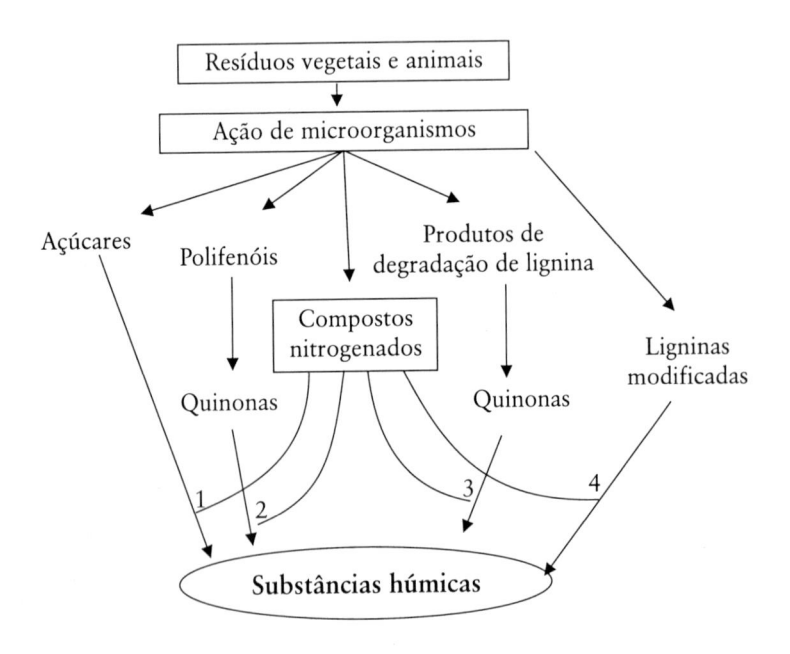

FIGURA 1 – Principais vias propostas para a formação das substâncias húmicas pela decomposição de resíduos animais/vegetais no solo (adaptada de Stevenson, 1994).

A via da lignina pode se processar predominantemente em solos mal drenados e em áreas hidromórficas, enquanto a síntese a partir de polifenóis pode ser de considerável importância para certos solos sob florestas. Em razão da rápida assimilação biológica dos açúcares, a teoria de condensação de aminoaçúcares é válida principalmente para meios de baixa atividade biológica (Cardoso, Tsai & Neves, 1992).

Malcolm (1990) afirma que a lignina não é o principal precursor de substâncias húmicas de solo. Além disso, mostra que há grandes diferenças estruturais entre substâncias húmicas de diferentes origens, como de solo, rios e mar.

Os mecanismos baseados na condensação polimérica de polifenóis e quinonas têm sido os mais aceitos por pesquisadores e pela Sociedade Internacional de Substâncias Húmicas (Stevenson, 1994).

4 ESTRUTURAS DAS SUBSTÂNCIAS HÚMICAS

Na literatura existem várias propostas estruturais para as SH (Kononova, 1966; Schnitzer & Khan, 1978; Stevenson, 1982b); entretanto, de acordo com Stevenson (1985) nenhuma parece ser inteiramente satisfatória. Provavelmente, isso ocorre não apenas em razão da complexidade e da heterogeneidade estrutural das SH, mas principalmente pela falta de uma identidade estrutural genérica a qual é fortemente influenciada pelo grau e pelo mecanismo de decomposição. A Figura 2 mostra um modelo estrutural para os ácidos húmicos, o qual foi proposto por Schulten (1995) a partir de estudos espectroscópicos, pirólise, degradação oxidativa e microscopia eletrônica.

Piccolo (2000), baseado em cromatografia e utilizando eletroforese capilar, sugere um novo conceito a respeito das características estruturais das SH. Nesse caso, as SH não possuiriam estrutura extremamente complexa e seriam formadas pela agregação de pequenas moléculas. O paradigma da estrutura das SH permanece, enquanto novos procedimentos analíticos e desenvolvimentos especialmente na área de espectroscopia têm sido desenvolvidos visando à obtenção de resultados mais contundentes para suportar as hipóteses propostas.

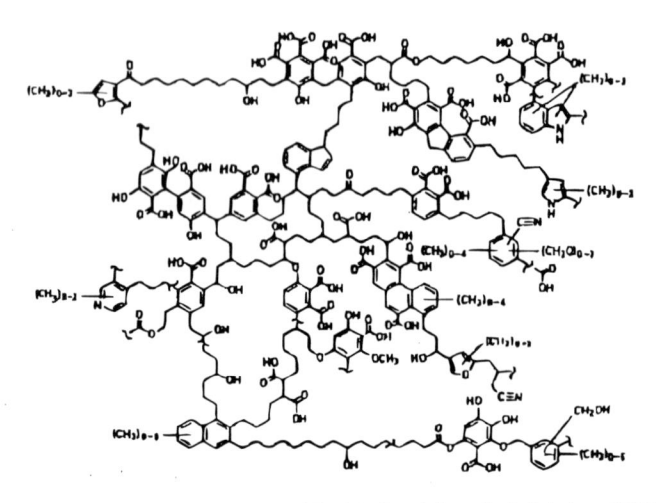

FIGURA 2 – Estrutura proposta para os ácidos húmicos (adaptada de Schulten, 1995).

Entretanto, mesmo com as contradições existentes quanto ao modelo estrutural, algumas características das SH já estão bem definidas:

1. as frações de ácidos húmicos e ácidos fúlvicos são misturas heterogêneas de moléculas polidifusas, com intervalos de massa molar variando de algumas centenas até milhões de daltons (Stevenson, 1982b);

2. as substâncias húmicas extraídas de solos têm composição elementar média de acordo com o Quadro 4.

3. os ácidos húmicos e fúlvicos apresentam alto teor de grupos funcionais contendo oxigênio (Quadro 5) tais como carboxilas, hidroxilas fenólicas e carbonilas de vários tipos (Stevenson, 1985).

Quadro 4 – Composição elementar média de ácidos húmicos e fúlvicos extraídos de solos

Substâncias húmicas	Composição elementar média (%)				
	C	H	O	N	S
Ác. húmico	53,8-58,7	3,2-6,2	32,8-38,3	0,8-4,3	0,1-1,5
Ác. fúlvico	40,7-50,6	3,8-7,0	39,7-49,8	0,9-3,3	0,1-3,6

Adaptado de Calderoni & Schnitzer (1984).

De acordo com o Quadro 4 verifica-se que o AH tem maior teor de carbono e menor teor de oxigênio que o AF. A razão C/H é maior para o AH indicando maior aromaticidade e uma estrutura mais condensada. A razão C/N, associada ao grau de decomposição do material, não apresenta grande variação para os ácidos.

O Quadro 5 mostra a variação do conteúdo de grupos oxigenados presentes nos ácidos húmicos e fúlvicos extraídos de diferentes tipos de solo. As variações observadas podem ser explicadas pelas diferentes condições ambientais as quais inflenciam no processo de decomposição da matéria orgânica e na formação do material húmico.

Quadro 5 – Conteúdo de grupos oxigenados (meq/kg) de ácidos húmicos e fúlvicos extraídos de diferentes tipos de solo

Grupo funcional	Solo			
	Ácido	Neutro	Subtropical	Tropical
Ácidos húmicos				
Acidez total	57-89	62-66	63-77	62-75
COOH	15-57	39-45	42-52	38-45
OH ácido	32-57	21-25	21-25	22-30
OH alcoólico	27-35	24-32	29	2-16
Cetona C=O	1-18	45-56	8-15	3-14
OCH$_3$	4	3	3-5	6-8
Ácidos fúlvicos				
Acidez total	89-142	-----	64-123	82-103
COOH	61-85	-----	52-96	72-112
OH ácido	28-57	-----	12-27	3-57
OH alcoólico	34-46	-----	69-95	26-95
Cetona C=O	17-31	-----	12-26	12-42
OCH$_3$	3-4	-----	8-9	3-12

Adaptado de Stevenson (1985).

5 IMPORTÂNCIA DAS SUBSTÂNCIAS HÚMICAS NO AMBIENTE

As substâncias húmicas representam a principal forma de matéria orgânica (MO) distribuída no planeta Terra. Elas são encontradas não apenas em solos mas também em águas naturais, turfas, pântanos, sedimentos aquáticos e marinhos. A quantidade de carbono presente na Terra na forma de SH (60×10^{11} t) excede àquela presente em organismos vivos (7×10^{11} t) (Stevenson, 1994). As SH são ambientalmente importantes principalmente pelas seguintes razões:

1. influenciam a biodisponibilidade de metais do solo para plantas e/ou organismos da micro e da macrofauna;
2. influem na toxicidade de alguns metais, formando complexos com diferentes labilidades relativas (Rocha, Toscano & Burba, 1997; Rocha, Toscano & Cardoso, 1997), reduzindo a toxicidade de certos metais como Cu^{+2} e Al^{+3} para organismos aquáticos e solos (Bloom, McBride & Weaver, 1979; Thomas et al. (1993);
3. influem no transporte, no acúmulo e na concentração de espécies metálicas no ambiente. Fraser (1961) atribuiu a elevada acumulação de Cu^{+2} em turfas à presença desses compostos. Reuter & Perdue (1977) citam em alguns trabalhos a influência dos agentes complexantes no transporte de metais pesados em sistemas aquáticos;

4. de acordo com Wershaw (1993), propriedades físico-químicas do solo e de sedimentos são, em larga extensão, controladas pelas substâncias húmicas;

5. dependendo das condições do meio possuem características oxirredutoras, influenciando na redução de espécies metálicas para a atmosfera (por exemplo, redução do íon Hg (II) para Hg^0) (Rocha et al., 2000a);

6. atuam no mecanismo de sorção no solo de gases orgânicos e inorgânicos presentes na atmosfera;

7. quando presentes em altas concentrações durante o processo de tratamento de água podem reagir com o cloro, produzindo compostos orgânicos halogenados os quais possuem características cancerígenas;

8. interagem com compostos orgânicos antrópicos, por exemplo pesticidas e herbicidas, por efeitos de adsorção, solubilização, hidrólise, processos microbiológicos e fotossensibilizantes (Barceló, 1991; Santos, Rocha & Barceló, 1998). O efeito solubilizante das SH sobre compostos orgânicos pode desempenhar importante função na dispersão, na mobilidade e no transporte desses produtos nos ambientes aquático e terrestre (Lacorte & Barceló, 1995).

Além da relevância ambiental, as características físico-químicas do húmus também causam alguns efeitos benéficos ao solo, conforme mostra o Quadro 6.

Quadro 6 – Propriedades gerais das substâncias húmicas e efeitos causados ao solo

Propriedades	Observações	Efeitos no solo
Cor	A coloração escura de muitos solos é causada pelas substâncias húmicas	Retenção de calor, auxiliando na germinação de sementes
Retenção de água	Podem reter água até 20 vezes sua massa	Evitam erosão e mantém a umidade do solo
Combinação com argilominerais	Cimentam partículas do solo formando agregados	Permitem a troca de gases e aumentam a permeabilidade do solo
Quelação	Formam complexos estáveis com Cu^{+2}, Mn^{+2}, Zn^{+2} e outros cátions polivalentes	Melhoram a disponibilidade de nutrientes para as plantas maiores
Insolubilidade em água	Devido a sua associação com argilas e sais de cátions di e trivalentes	Pouca matéria orgânica é lixiviada
Ação tampão	Têm função tamponante em amplos intervalos de pH	Ajudam a manter as condições reacionais do solo
Troca de cátions	A acidez total das frações isoladas do húmus varia de 300 a 1.400 cmoles kg^{-1}	Aumentam a CTC do solo. de 20 a 70% da CTC de solos é devida a MO
Mineralização	A decomposição da MO fornece CO_2, NH_4^+, NO_3^-, PO_4^{-3} e SO_4^{-2}	Fornecimento de nutrientes para o crescimento das plantas

Adaptado de Stevenson (1994).

6 SUBSTÂNCIAS HÚMICAS AQUÁTICAS

Há cerca de duzentos anos pesquisadores vêm estudando as características e propriedades das substâncias húmicas presentes no solo (Stevenson, 1982b). Entretanto, apenas nos últimos trinta anos aumentou o interesse pelo estudo das substâncias húmicas aquáticas (SHA) principalmente em razão da conscientização sobre a importância da qualidade química da água para consumo humano (Suffet & Maccarthy, 1989). Nesse contexto, o entendimento dos mecanismos pelos quais as SHA interferem em processos de tratamento de água (Rook, 1974; 1977; Suffet & MacCarthy, 1989) e suas propriedades associadas ao transporte, labilidade e complexação de espécies metálicas/pesticidas no sistema aquático são relevantes do ponto de vista ambiental (Buffle, 1990; Burba, Rocha & Klockow, 1994; Rocha, Toscano & Burba, 1997; Rocha, Toscano & Cardoso, 1997; Santos et al., 1998; Santos, Rocha & Barceló, 1998).

A matéria orgânica em sistemas aquáticos pode ser dividida em particulada e dissolvida. Considera-se como carbono orgânico dissolvido (COD) a fração que passa através de membrana de 0,45 μm (Danielsson, 1982). O carbono orgânico dissolvido pode ser fracionado em hidrofóbico e hidrofílico conforme mostra a Figura 3 (Frimmel, 1992). Logo, a definição entre material orgânico dissolvido e particulado é operacional. Substâncias húmicas aquáticas contribuem com cerca de 50% do COD presente em águas naturais (Suffet & MacCarthy, 1989; Thurman & Malcolm, 1981; Senesi, 1993).

A definição operacional de SHA está baseada em métodos cromatográficos de extração. Thurman & Malcolm (1981) definiram SHA como a porção não específica, amorfa, constituída de carbono orgânico dissolvido em pH 2 e adsorvente em coluna de resina XAD 8 com altos valores de coeficiente de distribuição. As SHA podem ser de origem alóctone (levadas por lixiviação e/ou erosão dos solos e transportadas aos lagos, rios e oceanos pelas águas das chuvas, pequenos cursos de água e águas subterrâneas) ou autóctones (derivadas dos constituintes celulares e da degradação de organismos aquáticos nativos). Embora haja alguma similaridade entre substâncias húmicas presentes no solo e na água, a diversidade no ambiente de formação e nos compostos de origem faz elas apresentarem diferenças peculiares (Cheng, 1977). A natureza da água (rios, lagos ou mar) e a estação do ano também são fatores determinantes nos processos de formação e de humificação das SHA (Thurman, 1985).

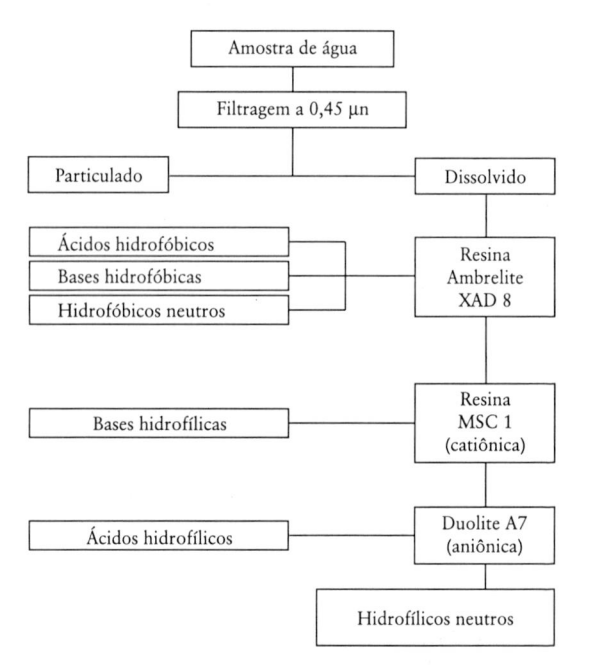

FIGURA 3 – Diagrama de fracionamento do carbono orgânico dissolvido (adaptada de Frimmel, 1992).

As SHA possuem composição variada dependendo de sua origem e do método de extração. Entretanto, as similaridades entre diferentes SHA são mais significativas que suas diferenças. Geralmente, 90% das SHA dissolvidas em águas são constituídas de ácidos fúlvicos aquáticos (AFA) e os restantes 10% correspondem aos ácidos húmicos aquáticos (AHA)(Malcolm, 1985).

O AHA difere do AFA em composição elementar, teor de grupos funcionais, intervalo de massa molecular e outras características. As características do AHA e do AFA também diferem dessas respectivas frações presentes no solo. A composição elementar das substâncias húmicas extraídas de água e de solo é apresentada no Quadro 7. Os dados da composição elementar das SH são importantes na predição da influência destas no ambiente. Por exemplo, SH com maiores teores de oxigênio possuem maiores concentrações de grupos funcionais, tornando-as com características mais hidrofílicas e diminuindo o acúmulo de compostos orgânicos não iônicos. Entretanto, a maior concentração de grupos oxigenados torna as SH com características mais ácidas, favorecendo a complexação por espécies metálicas (Stevenson, 1982b; Aiken et al., 1985).

Quadro 7 – Composição elementar (%) de substâncias húmicas extraídas de água e de solo

Amostra	C	H	O	N	S	P	Total	Cinzas
Ácidos fúlvicos aquáticos	55,03	5,24	36,08	1,42	2,00	0,34	100,35	0,38
Ácidos húmicos aquáticos	54,99	4,84	33,64	2,24	1,51	0,06	98,76	1,49

Os valores da composição elementar estão expressos em porcentagem, livre de cinzas e em base seca. Adaptado de Malcolm & MacCarthy (1986).

Os grupos funcionais predominantes nas SHA também são carboxilas e hidroxilas fenólicas e alcoólicas. Geralmente a massa molar do AFA situa-se no intervalo de 800-1.000 Da enquanto a do AHA geralmente está entre 2.000-3.000 Da. Já a massa molar de AH extraído de solos pode atingir centenas de milhares de daltons (Swift, 1985; Wershaw & Aiken, 1985).

EXTRAÇÃO DE SUBSTÂNCIAS HÚMICAS AQUÁTICAS

De modo geral, a concentração de substâncias húmicas em águas é baixa (Quadro 8); por isso, geralmente são requeridos grandes volumes de amostra para se obter quantidades satisfatórias de material húmico (Thurman & Malcolm, 1981).

Quadro 8 – Concentrações de substâncias húmicas aquáticas extraídas de alguns sistemas aquáticos

Amostras	Concentração de SHA estimada (mg L^{-1})	Referências
Águas superficiais	7 8 16 30	Rocha et al. (2000a) Rocha et al. (1998) Aster, Burba & Broekaert (1996) Suffet & MacCarthy (1989)
Águas subterrâneas	20	Suffet & MacCarthy (1989)
Águas marinhas	0,0029*	Malcolm (1990)

*Teor de ácidos húmicos aquáticos (fração das SHA) obtido.

Em razão de sua baixa concentração em águas naturais, a extração/concentração das SHA são as primeiras etapas para estudos relacionados às suas características e propriedades. Quanto aos métodos de separação, as SHA têm sido isoladas de águas naturais por vários procedimentos, tais como precipitação (Hood, Stevensen & Jeffrey, 1958), ultrafiltração (Gjessing, 1970), extração por solvente (Eberle & Schweer, 1973), liofilização (Aiken, 1985) e adsorção (Hood, Stevensen & Jeffrey, 1958; Moed, 1971; Otsuki & Wetzel, 1973). Os Quadros 9a, 9b e 9c apresentam algumas vantagens e desvantagens de procedimentos utilizados na extração e concentração de SHA.

Quadro 9a – Métodos utilizados na extração e concentração de substâncias húmicas aquáticas

Método	Vantagens	Desvantagens
Destilação a vácuo	• baixa temperatura • método brando	• método lento • todos os solutos orgânicos e inorgânicos são concentrados • utilização de pré-tratamento para remover sais inorgânicos • inconveniente para grandes volumes
Liofilização	• método brando • altos valores de concentração • obtenção de SHA sólida	• método lento • inconveniente para grandes volumes de amostras • todos os solutos são concentrados.
Co-precipitação	• método brando • conveniente para grandes volumes de amostra	• eficiência do método depende da concentração de SHA na amostra • não é quantitativo • contaminação das SHA com metais

Adaptado de Aiken (1985).

Quadro 9b – Métodos de sorção utilizados na extração e concentração de substâncias húmicas aquáticas

Métodos	Vantagens	Desvantagens
Alumina	• método brando • a sorção não requer solvente orgânico • não utiliza eluente fortemente ácido ou básico • apropriado para grandes volumes de amostra	• dessorção ineficiente • possibilidade de mudança na estrutura do material orgânico
Nylon e poliamida	• método brando • econômico • adsorção eficiente • adequado para grandes volumes de amostra	• possibilidade de adsorção irreversível • taxa de eluição lenta • possibilidade de alteração química do soluto orgânico
Carbono	• método brando e econômico • adequado para grandes volumes de amostra • possibilidade de sorção quantitativa de ácidos fúlvicos	• possibilidade de sorção irreversível • diminuição da capacidade de sorção com o aumento da massa molecular • possibilidade de alteração da estrutura da SHA • taxa de eluição lenta
Resina macroporosa não iônica (Amberlite XAD 2, Amberlite XAD 8)	• alta capacidade de sorção • eluição eficiente • alta área superficial • eluição com solução diluída de NaOH • método brando e simples • resina facilmente regenerada • adequado para grandes volumes de amostra • dessorção eficiente	• possibilidade de sorção irreversível

Adaptado de Aiken (1985).

Quadro 9c – Métodos de troca iônica utilizados na extração e concentração de substâncias húmicas aquáticas

Métodos	Vantagens	Desvantagens
Resina fortemente básica Matrizes: • Estireno divinilbenzeno • Acrílico éster Grupos: • Aminas quaternárias	• método brando e simples • adequado para grandes volumes de amostra • possibilidade de regeneração da resina	• possibilidade de sorção irreversível • possibilidade de interação SHA-matriz estireno divinilbenzeno • concentra ânions orgânicos e inorgânicos • possibilidade de entupimento da coluna • resina com resistência redutora
Resina fracamente básica Matrizes: • Estireno divinilbenzeno • Acrílico éster Grupos: • Aminas secundárias	• método brando e simples • adequado para grandes volumes de amostra • possibilidade de regeneração da resina • dessorção eficiente • alta capacidade	• extenso processo de regeneração • todos os ânions orgânicos e inorgânicos são concentrados • resina com resistência redutora

Adaptado de Aiken (1985).

Por não apresentarem estrutura definida, para possível comparação de resultados, torna-se indispensável a descrição detalhada da origem, do tratamento e dos métodos aplicados às amostras durante a extração de SHA (Frimmel, 1992). Também vale salientar que, no decorrer do processo de separação/extração das SHA, diversas interações são interrompidas podendo causar alterações estruturais importantes nas SHA (Aiken, 1988). Essas alterações são fatores limitantes para interpretação das funções das SHA no ambiente.

Métodos cromatográficos em coluna, os quais geralmente são adotados para a separação de SHA, utilizam ácidos, bases ou solventes orgânicos como eluentes, podendo causar alterações químicas no eluato. Nesse sentido, reações de hidrólise merecem especial atenção. Ésteres orgânicos, presentes nas SHA, podem ser hidrolisados cataliticamente em meio ácido (pH < 1,0) (Kirby, 1972). Em meio básico, a hidrólise de substâncias húmicas é potencialmente mais relevante, tendo sido relatados resultados a respeito dos efeitos da hidrólise básica de ésteres na presença de substâncias húmicas de solo (Schnitzer & Neyroud, 1975; Gregor & Powel, 1987) e aquáticas (Liao et al., 1982).

Na separação de SHA pelo método cromatográfico em coluna empacotada com resinas XAD, a fração sorvida é eluída com solução aquosa de hidróxido de sódio 0,1 mol L^{-1}, resultando num extrato de pH > 13. Nesse pH, a velocidade da reação de hidrólise de ésteres é significativa, podendo causar transformações químicas irreversíveis na matriz. Esse tipo de dificuldade, bem como a degradação oxidativa, pode ser minimizada fazendo a separação sob atmosfera inerte e reduzindo o tempo de permanência da SH no meio alcalino (Aiken, 1988). Outra desvantagem desse procedimento é a necessidade da utilização de um grande volume de água para obter quantidades satisfatórias de material húmico (Thurman & Malcolm, 1981). Entretanto, com a disponibilidade comercial das resinas macroporosas de estireno divinilbenzeno (XAD 1, XAD 2 e XAD 4) e de éster acrílico (XAD 7 e XAD 8), a separação de SHA por cromatografia de sorção tornou-se a técnica mais empregada para extração das SHA (Riley & Taylor, 1969; Stuermer & Harvey, 1977; Thurman, Malcolm & Aiken, 1978; Aiken et al., 1979; Thurman & Malcolm, 1981; Rocha et al., 2000b). As principais propriedades relacionadas com a característica sorvente das resinas XAD são forças de Van de Waal's, interações dipolo-dipolo e pontes de hidrogênio.

As resinas XAD 1 e XAD 2 geralmente são empregadas na extração de SHA de águas marinhas, enquanto as resinas XAD 7 e XAD 8 são preferencialmente utilizadas para extração de SHA de águas de superfície e de subsolo (Thurman, Malcolm & Aiken, 1978).

O método de extração de SHA com essas resinas é considerado melhor que os processos com nylon, alumina e poliamidas, pois apresenta maior capacidade de sorção e fácil eluição. As resinas XAD não iônicas são macroporosas e com grande superfície de contato. O efeito hidrofóbico é o principal agente na sorção dessas resinas. A sorção de SHA é determinada pela solubilidade em água e pelo pH. Em pH baixo, ocorre protonação dos ácidos orgânicos, causando sorção destes na resina. Em pH elevado, os ácidos orgânicos são ionizados favorecendo a dessorção. Nesse processo, geralmente a acidificação é feita com ácidos minerais, como solução de ácido clorídrico e a dessorção com solução de hidróxido de sódio 0,10 mol L^{-1}. As resinas acríl-ester (XAD 7 e XAD 8) são as mais hidrofílicas da série Amberlite XAD e, em água adsorvem mais que as resinas de estireno-divinilbenzeno XAD 1, XAD 2 e XAD 4 (Aiken, 1988).

FRACIONAMENTO DAS SUBSTÂNCIAS HÚMICAS AQUÁTICAS

Outra etapa importante nos estudos das características e propriedades das SH é o método utilizado para fracionamento, cujo objetivo é a obtenção de frações distintas com propriedades similares as quais permitam melhor entendimento da participação das SH em processos ambientais.

Verifica-se que os procedimentos de fracionamento aplicáveis às substâncias húmicas extraídas de solos são também aplicáveis às SHA. Fracionamentos baseados em diferença de solubilidade (Stevenson,1982b; Rosa, 1998; Rosa, Rocha & Furlan, 2000), tamanho molecular (Swift, 1996; Town & Powell, 1992), densidade de carga (Senesi, Miano & Brunetti, 1994), precipitações com íons metálicos e características de sorção (Swift, 1985) têm sido utilizados para separar SH em diferentes frações. O Quadro 10 resume os principais procedimentos utilizados para fracionamento das SHA.

Quadro 10 – Procedimentos utilizados para fracionamento das substâncias húmicas

Procedimento	Frações	Referências
Diferença de solubilidade e precipitação com ácidos e bases	Ácidos húmicos, ácidos fúlvicos e humina	Procedimento utilizado convencionalmente
Extração com diferentes solventes orgânicos	Bem definidas	Post & Klamberg (1992)
Cromatografia de exclusão com base no tamanho molecular	Menos definidas	Piccolo, Nardi & Concheri (1996)
Ultrafiltração	Dependem da porosidade das membranas filtrantes	Burba, Shkinev & Spivakov (1995)
Eletroforese	Separação depende das substâncias húmicas	Duxbury (1989)
Cromatografia de exclusão com base no tamanho molecular e alta pressão	Boa separação	Piccolo & Conte (1999)
Cromatografia com afinidade por metais	Obtêm-se 3-4 frações	Kuckuk & Burba (2000)
Cromatografia em fase reversa	Menos definidas	Frimmel (1992)

A variação do pH é a forma mais utilizada para fracionamento das SH extraídas por solventes alcalinos (Stevenson, 1982b; Rosa, 1998; Rosa, Rocha & Furlan, 2000). As frações obtidas são ácidos húmicos, solúveis em álcali e insolúveis em ácido (precipitam em pH < 2); ácidos fúlvicos, solúvel em álcali e ácido e humina, fração insolúvel em todo intervalo de pH (Hayes & Swift, 1978). Rosa, Rocha & Sargentini Jr. (2001) propuseram um método para fracionamento de SH em ácidos húmicos e fúlvicos utilizando sistema em fluxo contínuo. Nesse sistema, utiliza-se uma bomba peristáltica para sucção das substâncias húmicas extraídas e bombeamento do ácido clorídrico utilizado no fracionamento. O sistema trabalha continuamente e o fracionamento é feito sob atmosfera inerte (N_2), minimizando possíveis alterações estruturais nas SH, como por exemplo oxidações e/ou condensações (Rosa et al., 1998).

Solventes orgânicos, sais e íons metálicos têm sido utilizados para separar AH e AF em diferentes subfrações. Um exemplo de fracionamento das SH utilizado há muito tempo é a obtenção do ácido hematomelânico (Óden, 1919) a partir de tratamento dos ácidos húmicos com etanol. As SH também podem ser fracionadas com acetona, metanol, metil iso-butilcetona e éter dietílico (Post & Klamberg, 1992).

Eletrólitos influenciam no comportamento das macromoléculas húmicas (polietrólitos) em razão de alterações em suas cargas. Aumentando a concentração de sais diminui-se a extensão da dupla camada elétrica, aproximando-se mais da superfície da macromolécula, podendo ocorrer a precipitação. Ácidos húmicos redissolvidos em base podem ser fracionados pela adição de sais, como cloreto de potássio (Springer, 1938) ou sulfato de amônio, precipitando os ácidos húmicos *gray* enquanto os ácidos húmicos *brown* permanecem em solução (Theng, Wake & Posner, 1968).

Swift (1985) fracionou SH por precipitação com íons metálicos. Vários íons divalentes e polivalentes são capazes de formar sais ou complexos insolúveis com SH causando a precipitação. Íons cobre foram muito utilizados para fracionamento de AF em ácidos "apocrênico" e "crênico" (Berzelius, 1839 apud Stevenson, 1982a). Entretanto, o fracionamento das SH utilizando solventes orgânicos, sais e íons metálicos não tem tido muita aplicação, pois a maioria dos estudos tem sido feita com as três principais frações, ou seja, ácidos húmicos, ácidos fúlvicos e humina.

A cromatografia por permeação em gel tem sido extensivamente aplicada para fracionamento de macromoléculas húmicas com base no tamanho molecular (Swift, 1996; Piccolo, Nardi & Concheri, 1996; Piccolo & Conte, 1999). Os géis mais utilizados consistem de polissacarídeos, poliestireno e poliamidas na forma de pequenos grânulos. A estrutura do gel é permeada por poros com capacidade de agir como meio cromatográfico permitindo a separação com base nas diferenças de tamanho molecular. Moléculas menores podem penetrar nos poros e sua passagem na coluna é retardada. Assim, as moléculas são eluídas em ordem decrescente de massa molecular. Essa técnica é rápida, barata e muito versátil. Entretanto, alguns problemas, tais como interações químicas ou físicas entre o gel e o soluto, devem ser contornados para não invalidar os resultados. As SH, quando sorvidas pelo gel, alteram os resultados da separação os quais não podem ser inteiramente atribuídos às diferenças de massa molar. O mesmo problema pode resultar da interação de cargas entre o gel e as macromoléculas húmicas. Esses inconvenientes podem ser evitados utilizando-se o gel e a solução eluidora adequada (Swift & Posner, 1971). Town & Powell (1992) conseguiram eliminar os efeitos de sorção adicionando soluções de tetraborato de sódio 0,01 mol L^{-1} e pirofosfato de sódio 0,001 mol L^{-1} ao eluente. O amplo intervalo de massa molar, característico das SH, pode gerar dificuldades na escolha de um gel adequado. O uso sucessivo de géis de vários limites de exclusão com reaplicação das frações em géis com maior ou menor limite de exclusão pode resolver o problema.

A eletroforese é baseada no movimento de cargas de moléculas do soluto em um campo elétrico. Em um experimento tradicional de eletroforese, a amostra de SH é dissolvida em tampão alcalino e colocada em suporte com superfície plana ou em pérolas de gel em sistemas por coluna. A migração ocorre em função inversa da massa molar e direta da densidade de carga. Geralmente, a eficiência do fracionamento pela eletroforese tradicional é inferior à obtida com base na massa molar ou na solubilidade (Senesi, Miano & Brunetti, 1994).

Resinas trocadoras aniônicas podem ser utilizadas para fracionar SH de solo (Roulet et al., 1963). Depois da sorção das moléculas húmicas, o fracionamento pode ser obtido por eluição com soluções-tampão, salinas e, se necessário, com reagentes alcalinos. Na prática, o fracionamento obtido não é satisfatório provavelmente por causa do limite da área superficial da resina, o qual limita a possibilidade de interação com os sítios carregados das macromoléculas húmicas. Como conseqüência, há perda de resolução no fracionamento, ou seja, há maior mistura entre as respectivas frações.

Procedimentos baseados em processos de sorção em alumina, géis e, mais recentemente, resinas macroporosas XAD, têm sido utilizados para fracionamento de SH, especialmente AF (Swift, 1985). A dessorção pode ser feita por solventes orgânicos e reagentes ácidos ou básicos. O inconveniente é a forte sorção de SH na resina, sendo necessário utilizar reagentes os quais às vezes causam danos ao material da resina. Uma exceção é a resina XAD 8, a qual tem sorção menor, o que a faz ser de maior aplicabilidade tanto para fracionamento como para purificação.

Ultracentrifugação utilizando gradiente de densidade ou técnica de centrifugação também tem sido aplicada para fracionamento das SH (Rickwood, 1978 apud Senesi, Miano & Brunetti, 1994). O procedimento é um pouco trabalhoso se comparado com cromatografia em gel e ultrafiltração. Além disso, a supressão da repulsão entre as cargas intermoleculares pela adição de eletrólito é essencial para fracionar as SH por técnicas de ultracentrifugação (Hayes & Swift, 1978).

A ultrafiltração é uma técnica relativamente recente e interessante para o fracionamento das SHA em razão da possibilidade de minimização de alterações químicas nas SHA, o que é fundamental em estudos ambientais (Burba et al., 1998; Rocha et al., 2000c). Ela permite o fracionamento baseado no tamanho molecular das SH, utilizando uma série de membranas com diâmetro de poro de alguns nanômetros. Unidades de ultrafiltração (UF) com fluxo tangencial permitem filtração relativamente rápida em razão do reduzido processo de obstrução dos poros, pois os compostos acumulados na superfície da membrana são deslocados pelo forte fluxo cruzado (Burba et al., 1997), conforme ilustra a Figura 4. Em sistemas semelhantes, várias celas de fluxo tangencial acopladas *on-line* são operadas por uma simples bomba peristáltica com múltiplos canais, de fácil manuseio; trabalha-se em sistema fechado e a coleta das frações obtidas é simples.

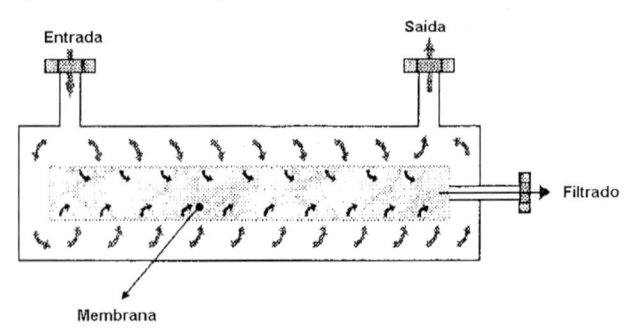

FIGURA 4 – Esquematização de um filtro provido de membrana para ultrafiltração tangencial, disponível comercialmente (adaptada de Van den Bergh, 2001).

Particularmente, o fracionamento de substâncias húmicas por ultrafiltração em filtros de membranas adequados é, em princípio, um método simples para estudar misturas complexas de macromoléculas, tais como substâncias húmicas, em função da distribuição dos respectivos tamanhos moleculares. Nesse caso, seria possível a caracterização de importantes propriedades físicas e químicas das SH dissolvidas (por exemplo solubilidade, comportamento de sorção, acidez, capacidade complexante com espécies metálicas, distribuição de grupos funcionais e estruturas reativas) em função do tamanho molecular (Swift, 1989). Um sistema de ultrafiltração seqüencial com múltiplos estágios, desenvolvido por Burba, Shkinev & Spivakov (1995), foi utilizado no fracionamento e na caracterização das SH em estudos ambientais e biológicos. Burba et al. (1998), Aster, Burba & Broekaert (1996) e Rocha et al. (1999) mostraram que sistemas de ultrafiltração com múltiplos estágios podem ser uma importante técnica para especiação de metais e caracterização de frações de SHA com diferentes tamanhos moleculares. O sistema desenvolvido por Burba, Shkinev & Spivakov (1995) geralmente tem as membranas acopladas em peças individuais construídas em acrílico, encaixadas umas nas outras e com os mini-reservatórios das frações torneados nas próprias peças. São de construção relativamente complicada e, para evitar vazamentos, exigem mecânica de alta precisão e mão-de-obra especializada. Do ponto de vista operacional, têm o inconveniente de fornecer um volume de frações relativamente pequeno (0,5-10 mL), dificultando ou até mesmo impedindo maior número de caracterizações de uma mesma fração.

Com o objetivo de minimizar esses inconvenientes, Rocha et al. (2000c) construíram um sistema de fracionamento seqüencial por ultrafiltração (SFSUF) utilizando filtros disponíveis comercialmente equipados com membranas de *polyethersulfone* (Sartocon® Micro) para fracionar SH em diferentes tamanhos moleculares (Figura 5). No SFSUF a amostra é fracionada passando com fluxo tangencial através de uma série de filtros de membrana, acoplados em série. É de montagem simples, de fácil manuseio, operado por bomba peristáltica com múltiplos canais, de custo relativamente baixo, trabalha-se em sistema fechado e possibilita obtenção de cerca de 25 mL de cada fração. Por causa da pressão utilizada durante o fracionamento das substâncias húmicas, para construção do SFSUF, fixaram-se cinco filtros comerciais (Sartocon® Micro) de membrana de *polyethersulfone* com diferentes porosidades, em dois suportes de sustentação. Estes foram construídos em acrílico com placas intermediárias entre os filtros como ilustra a Figura 6. A pressão é ajustada nos reguladores P_1-P_5 (Figura 7) conectados nos respectivos tubos os quais dão retorno ao material não filtrado e pode variar de 0 a 0,5 bar. Porém, para evitar vazamentos nas conexões, optou-se por operar com 0,3 bar de pressão. O conjunto bomba peristáltica (com cinco canais)/tubos de Tygon® (acoplado ao SFSUF permite vazão máxima de até 85 mL min^{-1}. Embora seja uma vazão relativamente menor que a máxima especificada pelo fabricante, é possível trabalhar sem obstruir significativamente os poros das membranas Sartocon® Micro, permitindo o fracionamento dos extratos húmicos, inclusive das frações com maiores tamanhos moleculares. A importância de uma alta vazão do fluxo tangencial sobre as superfícies das membranas é deslocar os compostos acumulados evitando a obstrução dos poros. Entretanto, a eficiência de um sistema de filtração não está relacionada só com a vazão do fluxo tangencial, mas principalmente com as pressões exercidas nos tubos os quais dão retorno ao material não filtrado.

A Figura 8 ilustra um reservatório para coleta das frações construído em vidro de borosilicato e suas respectivas dimensões. O extrato húmico entra pelo ponto (1) e é aspirado pelo ponto (3), o qual está conectado a um dos filtros de membrana (M) do sistema ilustrado na Figura 7. Como o fluxo no interior do filtro é tangencial sobre a membrana, o material não filtrado retorna ao reservatório pelo ponto (2). Essa circulação contínua evita o entupimento da membrana, concentra o material não filtrado no reservatório e fraciona o extrato húmico em diferentes tamanhos moleculares. O reservatório R_1 (Figura 7), no qual se concentra a fração F_1, é o próprio frasco da solução de SH que está sendo fracionada. Já R_6 é um frasco com cerca de 400 mL para coletar a fração F_6. Esta é composta pelo volume inicial do extrato a ser fracionado mais cerca de 150 mL de água que, após fracionamento da amostra, são aspirados através de todo o SFSUF para limpeza preliminar do sistema e depois recolhidos em R_6.

SUBSTÂNCIAS HÚMICAS AQUÁTICAS

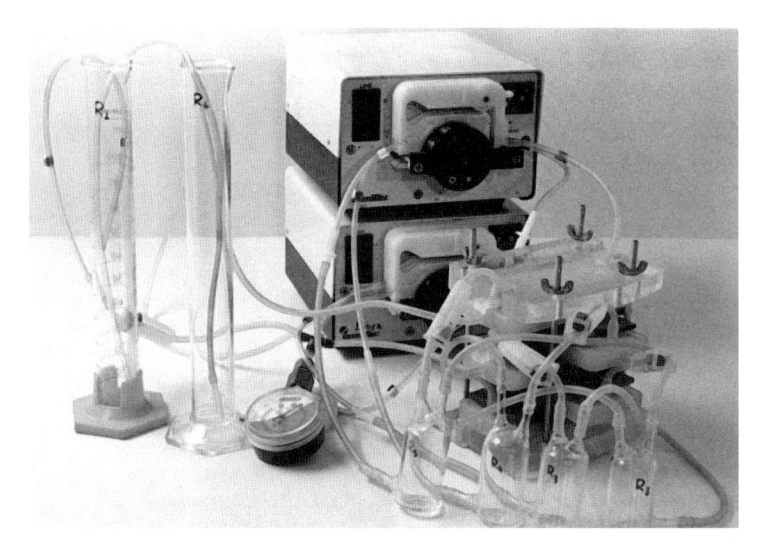

FIGURA 5 – Sistema de fracionamento seqüencial por ultrafiltração, desenvolvido por Rocha et al. (2000c). Para melhor visualização, R_1 e R_6 foram substituídos por reservatórios menores que os utilizados durante o fracionamento. Adaptada de Rocha et al. (2000c).

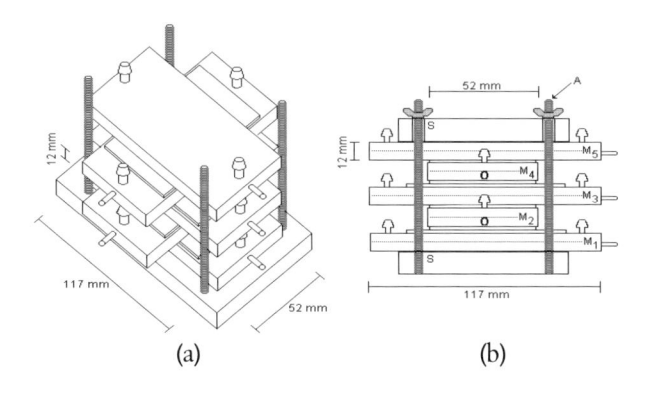

FIGURA 6 – Montagem do conjunto de filtros: (a) vista tridimensional; (b) vista lateral; S: suporte de sustentação, construído em acrílico com placas intermediárias entre os filtros; A: parafusos de aço inox para ajustes; M_1, M_2, M_3, M_4 e M_5: filtros equipados com membranas comerciais polyethersulfone, Sartocon® Micro (M_1-100; M_2-50; M_3-30; M_4-10 e M_5-5 kDa). Adaptada de Rocha et al. (2000c).

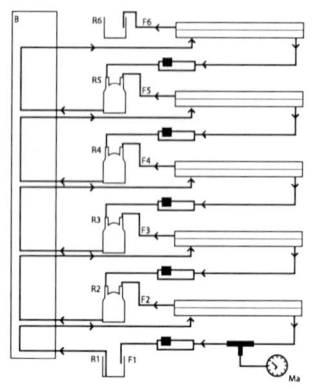

FIGURA 7 – Esquema do sistema de fracionamento seqüencial por ultrafiltração utilizado para fracionar substâncias húmicas. Condições: filtros equipados com membranas comerciais *polyethersulfone* (Sartocon® Micro), com 50 cm², M_1:100; M_2:50; M_3:30; M_4:10 e M_5:5 kDa; frações obtidas e respectivos intervalo de tamanho molecular médio de F_1 (>100), F_2 (100-50), F_3 (50-30), F_4 (30-10), F_5 (10-5) e F_6 (<5 kDa); B: bomba peristáltica com 5 canais (Ismatec) e tubos de bombeamento Tygon®(AU-95609-10); reservatórios (construídos em vidro de borosilicato) de frações R_2, R_3, R_4, R_5 (25 mL), R_1 (250 mL) e R_6 (500 mL); reguladores de pressão (pinça de Mohr - Fisher Nº Cat. 05-875A) P_1, P_2, P_3, P_4 e P_5; manômetro (Ma); 250 mL de solução de substância húmica aquática 1,0 mg mL^{-1} em pH-5; fluxo tangencial com vazão de 85 mL min^{-1} em todos os filtros; pressão inicial de 0,2-0,3 bar; fluxo de permeação através das membranas 0,8-1,4 mL min^{-1}. Adaptada de Rocha et al. (2000c).

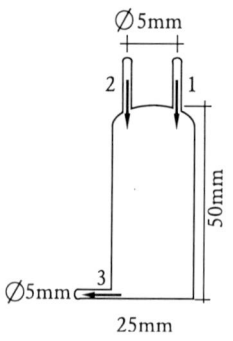

FIGURA 8 – Reservatório construído em vidro de borosilicato com volume interno de 25 mL, para coleta das frações (F_2-F_5) durante o fracionamento dos extratos húmicos utilizando-se o sistema de fracionamento seqüencial por ultrafiltração. 1: entrada do filtrado húmico; 2: retorno para recirculação do material não filtrado; 3: aspiração do filtrado húmico para o filtro subseqüente. Adaptada de Rocha et al. (2000c).

Entre as principais vantagens do SFSU desenvolvido por Rocha et al. (2000c) podem-se destacar:

- possibilidade de fracionar e concentrar substâncias húmicas extraídas de amostras de águas e de solos em seis frações com diferentes tamanhos moleculares: frações F_1: >100, F_2: 50-100, F_3: 30-50, F_4: 10-30, F_5: 5-10 e F_6: < 5 kDa;

- permite trabalhar com grandes volumes de amostras, fracionando e concentrando simultaneamente. O tempo total gasto para fracionar 250 mL de solução de substância húmica 1,0 mg L^{-1} em pH 5,0 - 6,0 é de cerca de 10 horas, incluindo limpeza preliminar com 150 mL de água;

- o número de frações obtidas é opcional, pois, como os filtros de membrana são acoplados seqüencialmente, a quantidade de filtros assim como suas respectivas porosidades podem ser alteradas de acordo com a característica da amostra e a necessidade do trabalho.

Assim como outras técnicas utilizadas para fracionamento das SHA, a ultrafiltração também apresenta alguns inconvenientes. Por exemplo, em razão da dificuldade na fabricação, a distribuição dos tamanhos dos poros nessas membranas não é completamente uniforme. Nesse caso, também, as interações entre as cargas da macromolécula húmica e as da membrana podem interferir no processo de filtração o qual não será mais baseado somente no tamanho molecular (Senesi, Miano & Brunetti, 1994).

CARACTERIZAÇÃO DAS SUBSTÂNCIAS HÚMICAS

A caracterização das SHA e suas propriedades no ambiente requer a utilização de procedimentos analíticos adequados combinados com métodos químicos, físicos e espectroscópicos (Aiken et al., 1985; Hayes et al., 1989), conforme mostra a Figura 9. A extração das SHA é um aspecto de grande relevância, pois nessa etapa podem ocorrer alterações estruturais nas SHA, com conseqüente perda de algumas de suas propriedades originais.

```
        ┌─────────────────┐  ┌──────────────────────┐
        │ Sistema aquático│──│ Caracterização in situ│
        └─────────────────┘  └──────────────────────┘
                  │
        ┌──────────────────┐
        │ Extração das SHA │
        │  (resina XAD 8)  │
        └──────────────────┘
```

Análise elementar	SHA	Fracionamento
Massa molecular	extraída	Degradação
Tamanho molecular		Derivatização

Caracterização

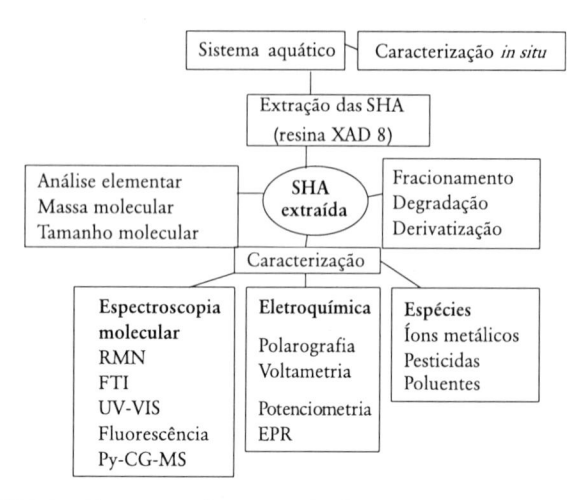

Espectroscopia	Eletroquímica	Espécies
molecular	Polarografia	Íons metálicos
RMN	Voltametria	Pesticidas
FTI		Poluentes
UV-VIS	Potenciometria	
Fluorescência	EPR	
Py-CG-MS		

FIGURA 9 – Alguns procedimentos utilizados para caracterização de substâncias húmicas aquáticas.

Ressonância magnética nuclear

A aplicação da espectroscopia de ressonância magnética nuclear (RMN) fornece importantes informações para caracterização de estruturas de substâncias húmicas presentes em solos e águas. Os espectros de RMN (^{13}C e ^{1}H) de SH não permitem a identificação da estrutura das SH, mas é possível estimar a concentração relativa e tipos de prótons e carbono (alifáticos e aromáticos) presentes. A estimativa das porcentagens dos diferentes tipos de carbono e prótons são obtidas a partir a integração dos picos nas regiões específicas dos espectros (Swift, 1996).

Rocha et al. (2000a), utilizando espectroscopia de ressonância magnética nuclear (^{13}C e ^{1}H), caracterizaram as SHA extraídas de amostras de água do Rio Itapanhaú (município de Bertioga-SP), conforme mostram as Figuras 10 e 11 e os Quadros 11 e 12. Os resultados permitiram estimar a concentração dos grupamentos funcionais presentes nas SHA extraídas dessa amostra e servem como indicativo das concentrações dos grupos funcionais presentes nas SHA.

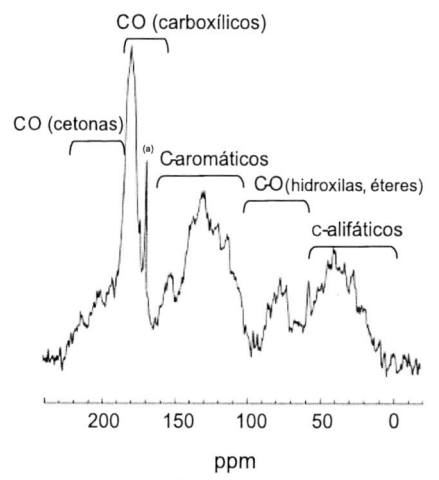

FIGURA 10 – Espectro de RMN-^{13}C de substâncias húmicas aquáticas extraídas de amostra de água do Rio Itapanhaú, município de Bertioga (SP) (a: resíduo da resina XAD 8 utilizada na extração das SHA). Adaptada de Rocha et al. (2000a).

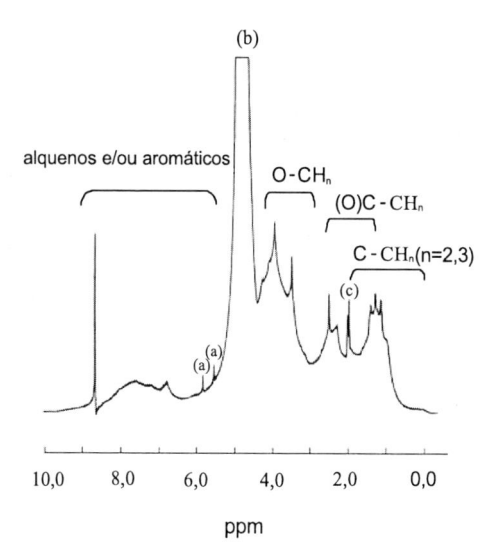

FIGURA 11 – Espectro de RMN-^{1}H de substâncias húmicas aquáticas extraídas de amostras de água do Rio Itapanhaú, município de Bertioga (SP) (a: resíduo da resina XAD 8 utilizada na extração das SHA; b: pico de água; c: acetonitrila). Adaptada de Rocha et al. (2000a).

Quadro 11 – Atribuições das regiões do espectro de RMN-^{13}C e intensidades relativas dos grupos funcionais presentes nas amostras de substâncias húmicas aquáticas extraídas do Rio Itapanhaú, município de Bertioga (SP)

Regiões do espectro (ppm)	Atribuições	Integração (%)
0 – 65	C-alifáticos	17
65 – 100	C-O (hidroxilas, éteres)	4
100 – 165	C-aromáticos	44
165 – 190	C-O (carboxilas)	32
190 – 230	C-O (cetonas)	3

Adaptado de Rocha et al. (2000a).

Quadro 12 – Atribuições das regiões do espectro de RMN-^{1}H e intensidades relativas dos grupos funcionais presentes nas amostras de substâncias húmicas aquáticas extraídas do Rio Itapanhaú, município de Bertioga (SP)

Regiões do espectro (ppm)	Atribuições	Integração (%)
0 – 1,6	C-CH$_n$ (n=2,3)	17
1,6 – 3,0	(O)CO-CH$_n$	24
3,3 – 4,5	O-CH$_n$	37
5,5 – 9,0	alquenos e/ou aromáticos	22

Adaptado de Rocha et al. (2000a).

Distribuição de carbono, aromaticidade e composição elementar

A grande variedade de tamanho molecular, característica das substâncias húmicas aquáticas, deveria, em princípio, permitir a separação da amostra em muitas frações específicas. Na prática, em razão das complexas associações intermoleculares, é difícil obter frações com tamanhos moleculares específicos. Entretanto, mesmo tratando-se de intervalos de tamanhos moleculares, o fracionamento é um importante procedimento para melhor compreender importantes propriedades físicas e químicas das SHA, tais como solubilidade, comportamento de adsorção, capacidade complexante com íons metálicos, propriedades ácido-base, distribuição de grupos funcionais/estruturas reativas etc. (Swift, 1996).

O Quadro 13 lista as porcentagens de carbono e aromaticidade das frações de SHA com diferentes tamanhos moleculares extraídas de amostra de água do Rio Negro (AM) por Rocha et al. (1999). A fração de menor tamanho molecular F_6 (< 5 kDa) tem cerca de quatro vezes mais carbono que a fração de maior tamanho molecular F_1 (> 100 kDa) e as frações de tamanho moleculares intermediários têm entre 10%-20% de carbono. Assim, após o fracionamento, pode-se estabelecer a seguinte ordem decrescente de distribuição de carbono nas diferentes frações: $F_6 > F_2 > F_3 > F_5 = F_4 > F_1$. A perda no balanço de massa, cerca de 2%-8%, é atribuída à adsorção de matéria orgânica na superfície das membranas do sistema de ultrafiltração (Burba, Shkinev & Spivakov, 1995; Rocha et al., 1999). De acordo com Aster, Burba & Broekaert (1996), a extração de substâncias húmicas aquáticas utilizando XAD-8 causa um deslocamento sistemático de todas as frações húmicas comparado à amostra original, provavelmente em razão da grande variação do valor do pH durante o processo de extração (adsorção: pH 2,0; eluição: pH 13,0).

As razões molares H/C e C/N geralmente têm sido utilizadas para estimativa do grau de aromaticidade e de humificação de substâncias húmicas, respectivamente. Araújo et al. (2002) determinaram a composição elementar de frações húmicas (Quadro 14) extraídas de amostra de água do Córrego Itapitangui, no município de Iguape (SP), utilizando o SFSUF desenvolvido por Rocha et al. (2000c).

Quadro 13 – Distribuição de carbono e aromaticidade de frações húmicas aquáticas de diferentes tamanhos moleculares, extraídas de amostra de água coletada no Rio Negro (AM)

Parâmetros	Frações (kDa)					
	F_1 (>100)	F_2 (100-50)	F_3 (50-30)	F_4 (30-10)	F_5 (10-5)	F_6 (<5)
Porcentagem de carbono	8,5	18,0	15,5	11,4	12,0	26,7
Aromaticidade	34,0	34,5	30,5	30,0	25,5	25,0

Adaptado de Rocha et al. (1999).

Quadro 14 – Resultados referentes a determinações de carbono orgânico dissolvido, composição elementar (%) e razões molares (H/C, C/N) de frações húmicas obtidas de amostras de água coletada no Córrego Itapitangui, no município de Iguape (SP), utilizando-se o sistema de ultrafiltração seqüencial em múltiplos estágios e fluxo tangencial esquematizado na Figura 7

Frações (kDa)	COD mg L^{-1}	N	C	H	H/C	C/N
F_1 (>100)	1250,8	0,61	37,85	1,44	0,46	30,67
F_2 (100-50)	494,12	1,31	37,11	3,94	1,27	33,05
F_3 (50-30)	1725,76	1,29	37,19	3,92	1,26	33,63
F_4 (30-10)	1722,04	1,51	36,27	3,9	1,29	28,02
F_5 (10-5)	619,84	1,54	33,17	3,59	1,30	25,13
F_6 (<5)	40,91	3,33	7,06	0,59	1,00	2,47

Excetuando-se F_1, há similaridades entre os valores das razões molares H/C das diferentes frações, os quais estão próximos aos valores disponíveis na literatura (Stevenson, 1992b) e indicam elevada aromaticidade. Entre todas as frações, F_1 e F_6 apresentaram menores razões molares H/C indicando tratarem-se das frações mais aromáticas. As razões molares C/N mostram comportamento semelhante entre as frações, quanto ao grau de humificação. Entretanto, a fração F_6, de menor tamanho molecular, apresenta razão C/N cerca de dez vezes menor, indicando menor grau de humificação desta em relação às demais frações. A baixa razão C/N para F_6 pode estar associada à presença de compostos menos humificados, como aminoácidos e proteínas (Stevenson, 1992).

Espectroscopias nas regiões do UV-VIS e infravermelho

A espectroscopia UV-VIS é uma técnica valiosa na identificação de grupos funcionais cromóforos, pois alguns compostos presentes nas SH absorvem fortemente abaixo de 280 nm. Esse comprimento de onda não representa a absorbância máxima das SH, mas é onde ocorrem as transições eletrônicas do tipo π-π, características de compostos como ácidos benzóicos, derivados de anilina e outros correlatos que são subunidades da estrutura das substâncias húmicas aquáticas. Entretanto, considerando a natureza complexa das substâncias húmicas essa técnica não possibilita medir ou caracterizar um cromóforo em particular, mas a sobreposição de absorbâncias de vários grupos funcionais (Stevenson, 1982b).

Traina, Novak & Smeck (1990) estudaram a correlação entre medidas de absorbância na região do UV-VIS e a porcentagem de carbono aromático, determinado por RMN. Os resultados mostraram que a aromaticidade das substâncias húmicas pode ser estimada quantitativamente por espectrocospia na região do UV-visível. Peuravuoi & Pihlaja (1997) sugeriram que a relação entre a aromaticidade e a razão E_2/E_3 (absorbância em 250 e 365 nm) para material húmico pode ser obtida de acordo com a equação:

$$\text{aromaticidade} = 52,509 - 6,780\, E_2/E_3 \qquad (1)$$

Isso implica que a diminuição do quociente E_2/E_3 ocorre com o aumento da aromaticidade das substâncias húmicas. Esses autores correlacionaram aromaticidade e tamanho molecular, utilizando RMN e cromatografia de exclusão, com a absortividade molar de SH. Mesmo o coeficiente de correlação não sendo muito bom ($r^2=0,82$), foi possível notar que a quantidade de unidades aromáticas aumenta em função do aumento do tamanho molecular. Utilizando a equação (1), o Quadro 13 mostra que as frações com maior tamanho molecular (F_1 > 100 e F_2: 50-100 kDa) contêm maior número de estruturas aromáticas e uma gradual diminuição de estruturas aromáticas nas frações com menor tamanho molecular. Isso pode ser associado com a contínua diminuição do tamanho molecular das frações F_3 para F_6 e a presença de maior número de estruturas alifáticas. Recentes trabalhos com substâncias húmicas aquáticas extraídas de amostra de água superficial coletada no Rio Itapanhaú, localizado no Parque Estadual da Serra do Mar (Bertioga (SP)), mostraram similar distribuição de aromaticidade em frações com diferentes tamanhos moleculares (Rocha et al., 2000a).

Para informações qualitativas, análises espectroscópicas na região do infravermelho têm sido de grande utilidade na caracterização de substâncias húmicas. Em razão da mistura complexa de moléculas orgânicas polieletrolíticas, o comportamento espec-troscópico das substâncias húmicas representa a soma das respostas de muitas espécies diferentes (Aiken et al., 1985; Kuckuk, Burba & Davies, 1994; Rocha et al., 2000a).

Os espectros na região do infravermelho das substâncias húmicas mostram bandas largas provavelmente por causa da sobreposição das bandas de absorção dos constituintes individuais da mistura heterogênea de grupos os quais constituem as substâncias húmicas (Abbt-Braun, 1992).

A Figura 12 mostra espectros na região do infravermelho de frações húmicas extraídas de amostras de água coletada no Rio Negro (AM) e obtidas pelo SFSUF (Rocha et al., 2000c). As principais bandas de absorção que apareceram nos espectros das frações húmicas estão associadas a:

1) estiramento OH (livre e ligado por ponte de hidrogênio) de alcoóis e/ou fenóis e/ou ácidos carboxílicos na região de 3.500 - 3.300 cm^{-1};
2) estiramento CO de alcoóis e/ou fenóis na região de ~1.030 e 1.080 cm^{-1}, indicando a presença de alcoóis;
3) a presença de anéis aromáticos pode ser verificada em razão do estiramento CH de alquenos e/ou aromáticos acima de 3.000 cm^{-1},

banda na região de 1.630 cm^{-1} referente ao estiramento C=C de alquenos e/ou aromáticos e bandas na região de 900 cm^{-1} referente à deformação fora do plano da ligação CH de anéis aromáticos;
4) as bandas de absorção abaixo de 3.000 cm^{-1}, que nos espectros aparecem na região de 2.930 cm^{-1}, aliadas ao estiramento C-C na região de 1.420 cm^{-1} indicam a presença de alifáticos;
5) a forte banda na região de 1.710 cm^{-1} pode ser atribuída ao estiramento C=O de cetonas e/ou ácidos carboxílicos.

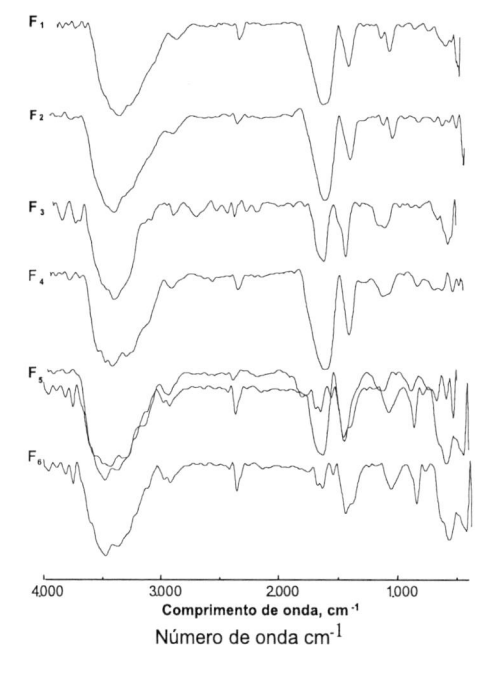

FIGURA 12 – Espectros na região do infravermelho das frações de substâncias húmicas aquáticas extraídas do Rio Negro (AM) (F_1: > 100; F_2: 50-100; F_3: 10-50; F_4: 5-10; F_5: 1-5 e F_6: < 1 kDa). Condições: 3,0 mg de fração húmica, pH 5,0 e 100 mg de KBr.

Todas as frações húmicas de F_1 a F_6 mostraram semelhantes espectros na região do infravermelho. Entretanto, de acordo com Abbt-Braun (1992), apesar da pequena diferença entre os espectros de SH, isso não significa que todos tenham a mesma estrutura.

Pirólise, cromatografia gasosa e espectroscopia de massas

Pirólise consiste na degradação de uma substância pela ação de calor. Geralmente é conduzida em vácuo ou na presença de gás inerte para restringir a formação de produtos secundários. A absorção de energia térmica causa excitação das ligações vibracionais resultando no rompimento de ligações mais fracas. O número e a variedade de produtos formados utilizando essa técnica para estudo das substâncias húmicas é muito grande. Assim, é essencial a incorporação de espectroscopia de massas (Py-MS) ou cromatografia gasosa (Py-CG) no sistema para separar e identificar os produtos da reação e até mesmo uma combinação de ambas as técnicas Py-CG-MS. Esse acoplamento permite a volatilização dos componentes da amostra com separação e identificação dos produtos da reação (Swift, 1989).

Os dados obtidos de cada análise podem ser utilizados para comparação de resultados de análises de outras amostras de substâncias húmicas ou compostos químicos conhecidos. Em razão do grande número de dados obtidos utilizando essas técnicas analíticas, análises multivariadas com auxílio de computadores têm sido empregadas (Howarth & Sinding-Larsen, 1983).

Estudos pirolíticos têm auxiliado na caracterização estrutural de amostras de substâncias húmicas. Halma et al. (1978) e Bracewell, Roberson & Williams (1980) observaram a presença de polissacarídeos, polipeptídeos e ligninas na estrutura das SH. As técnicas pirolíticas também têm sido utilizadas na caracterização das diferenças entre frações húmicas (Saiz-Jiminez et al., 1978). Bracewell et al. (1989) verificaram pouca variação em pirolisatos de ácidos húmicos de diferentes solos, mas diferenças significativas em amostras de ácidos fúlvicos com origens e métodos de extração diferentes. Também têm sido observados os efeitos de diferentes métodos de extração em frações de SH (Haider & Schulten, 1985).

Um dos mais importantes aspectos das técnicas pirolíticas em relação ao estudo da matéria orgânica é sua possibilidade de aplicação na análise *in natura* de amostras de solos. Comparações entre espectros de Py-MS de amostras de solo *in natura* com amostras de

SH extraídas têm permitido a verificação da consistência de resultados na caracterização de frações (Hempfling & Schulten, 1991).

INTERAÇÕES ENTRE SUBSTÂNCIAS HÚMICAS AQUÁTICAS E ESPÉCIES METÁLICAS

Efluentes industriais e domésticos, aplicação indevida de pesticidas/herbicidas às lavouras e remanescentes de poluentes do ar têm contribuído para a poluição em ambientes aquáticos (Rocha, Oliveira & Santos, 1996; Hemond & Fechner-Levy, 2000; Holt, 2000). Entre esses poluentes, metais pesados representam um grupo especial, pois não são degradados química ou biologicamente de forma natural (Alloway,1993). A presença de metais pesados no ambiente aquático em concentrações elevadas causa a morte de peixes e seres fotossintetizantes (Jardim, 1988; Lacerda, 1997; Lacerda & Salomons, 1998). Sua introdução no organismo humano via cadeia alimentar pode originar várias doenças, pois apresentam efeito cumulativo, podendo causar até a morte (Chapman et al., 1996).

Sabe-se que a biodisponibilidade de metais é influenciada principalmente pela forma encontrada na natureza e não só pela concentração total como se acreditava no passado (Bernhard, Brinckman & Sadler, 1986; Morrison, Batley & Florence, 1989). De acordo com Hart (1981), em sistemas aquáticos íons metálicos podem estar presentes em diferentes formas físico-químicas. O estudo e a busca do conhecimento de como essas formas influenciam no meio são freqüentemente denominados especiação de metais. A especiação é influenciada por diversos fatores como pH, potencial redox, tipos e concentrações de ligantes orgânicos (por exemplo, substâncias húmicas) e inorgânicos (por exemplo, hidróxidos e bicarbonatos), material particulado e coloidal.

Agentes complexantes aquáticos podem ser divididos em duas categorias: ligantes simples (L) – por exemplo, Cl^{-1}, CO_3^{2-} e aminoácidos e compostos com grupos homólogos (CGH) – por exemplo, SHA, proteínas e óxidos de metais. Em razão do alto teor de oxigênio encontrado na estrutura das SHA, elas têm excepcional capacidade para complexação de metais (Zhang et al., 1996). Essa propriedade de interagir com íons metálicos formando complexos de diferentes estabilidades e características estruturais tem sido objeto de estudos (Schnitzer & Skinner, 1968; Burba, Rocha & Schulten, 1993; Burba, Rocha & Klockow, 1994; e Burba, 1994). A estabilidade das espécies metal-SH é determinada por uma série de fatores, incluindo o número de átomos que formam a ligação com o metal, a natureza e a concentração do íon metálico, concentração de SH, pH, tempo de complexação etc. (Rocha, Toscano & Burba, 1997; Rocha, Toscano & Cardoso, 1997; e Rocha et al., 1998). Isso ocorre por causa das propriedades das macromoléculas húmicas, como por exemplo:

• Propriedades polifuncionais

– natureza química dos sítios de coordenação: em contraste aos ligantes simples (L), os CGH possuem sítios de coordenação com diferentes naturezas químicas;

– meio eletrônico dos sítios de coordenação (S): dentro de uma dada macromolécula os grupos S podem ser originários de diferentes fragmentações (por exemplo, cadeia alifática, anéis aromáticos), assim podem exercer diferentes efeitos eletrônicos;

– impedimento estérico dos sítios S: CGH podem formar uma capa ao redor de sítios S influenciando a estabilidade do complexo formado.

Em geral, as SHA possuem cerca de 35% de oxigênio e 1%-2% de nitrogênio e enxofre em suas estruturas. Esses grupamentos, doadores de elétrons, são os principais responsáveis pelas características de complexação de metais associadas às SHA (Buffle, 1990). O oxigênio nas SHA encontra-se predominantemente na forma de grupos carboxílicos e fenólicos, cujas concentrações são aproximadamente 5-10 e 1-3 mmol g^{-1}, respectivamente. Estes podem ser determinados por métodos titulométricos convencionais (Fish & Morel, 1985). O Quadro 15 resume as principais subestruturas presentes nas SHA as quais contêm oxigênio e são importantes ligantes na complexação de metais. Termodinamicamente são mais estáveis os complexos que possuem ligantes bi ou multidentados, como os formados por ácidos salicílicos ou 1,2 - difenóis. Mas é provável que os complexos de SHA ocorram preferivelmente na proporção 1:1.

Quadro 15 – Ligantes contendo oxigênio presentes na estrutura das substâncias húmicas aquáticas

Ligantes	Referências
Ácido salicílico	Buffle (1990)
FENÓLICOS - Ácidos hidroxibenzóicos	Buffle (1990)
1-2 – Difenóis	Buffle (1990)
Catecol	Buffle (1990)
Ácido ftálico	Buffle (1990)
CARBOXÍLICOS - Ácido hidroxâmico	Frimmel, Geywitz &Quentin,1981 apud Burba (1998)
Ácido cítrico	Buffle (1990)

Adaptado de Burba (1998).

As concentrações relativamente baixas de nitrogênio e enxofre estão distribuídas em grupos peptídeos, sulfônicos e tióis presentes nas SHA (Buffle, 1990). Esses grupamentos possuem maior força de ligação por alguns metais que os grupamentos oxigenados (por exemplo, a ligação de íons mercúrio por ligantes contendo grupos tióis) (Rocha et al., 1998). Entretanto, em razão de suas baixas concentrações, a interação de metais com ligantes contendo esses grupos depende fundamentalmente das concentrações de metais no meio.

• Cargas conformacionais

O impedimento estérico dos sítios S depende da conformação espacial da macromolécula, a qual pode variar de acordo com a força iônica do meio, pH e concentração de íons na solução. Particularmente, a conformação depende do processo de hidratação, desidratação e formação de pontes de hidrogênio ou ligações com íons metálicos, as quais dependem do grau de ocupação dos sítios complexantes.

A conformação estrutural de algumas macromoléculas pode ser representada por aproximações em forma de espiral ou elipsoidal. A conformação espiral pode ocorrer em poucas moléculas, mas alguns tipos de elipsoidal são muito mais freqüentes (Swift, 1989). A conformação espiral pode ser representada como uma "fita", com grupos polares e cargas negativas ao longo de sua extensão (Hayes, 1985). Essa estrutura flexível resulta em uma molécula aproximadamente como uma esfera, com distribuição gausiana de massa molar com alta densidade de massa no centro e decrescente para os limites da extremidade da esfera (Swift, 1989). A dimensão da esfera depende da extensão da "fita", da densidade de carga, da solvatação, da ionização dos grupos ácidos, da concentração de sais na solução, das extensões das ramificações e das ligações cruzadas (Hayes, 1985; Ghosh & Schnitzer, 1980).

As Figuras 13 e 14 mostram duas possíveis conformações de espiral ao acaso e a forma esférica, respectivamente. Esse modelo aparentemente pode explicar irregularidades da estrutura química, ligações intramoleculares e cruzadas.

FIGURA 13 – Diagrama representativo da estrutura em forma de "fita", mostrando a flexibilidade da macromolécula (adaptada de Swift, 1989).

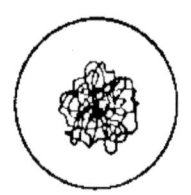

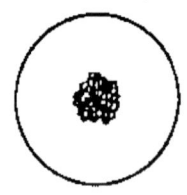

FIGURA 14 – Diagrama representativo da condensação da estrutura espiral ao acaso (adaptada de Swift, 1989).

Na estrutura das SH são identificados possíveis sítios com capacidade de suportar cargas positivas ou negativas. Entretanto, em razão da ionização de grupos de ácidos carboxílicos, há predominância de cargas negativas de ocorrência natural dependendo do pH do meio (Swift, 1989). Substâncias húmicas são consideradas como polieletrólito linear, flexível e com ocorrência de cargas negativas em pontos fixos ao logo de sua estrutura, tornando a molécula expandida em razão da repulsão das cargas negativas

(Schnitzer & Khan, 1978). A energia eletrostática livre da molécula é minimizada quando a molécula está na forma expandida. As cargas negativas da macromolécula são balanceadas por um número igual de possíveis cargas positivas (cátions), evitando a expansão da molécula. Um segundo fator que influi na extensão da molécula expandida é o tipo de íons utilizados para o balanceamento de cargas (Swift, 1989).

Em razão do efeito das cargas ocorrem interações intra e intermoleculares. A intensidade das forças de repulsão e a distância de aproximação entre as moléculas dependem de vários fatores, como intensidade de cargas, tamanho macromolecular e força iônica da solução. As considerações teóricas desse comportamento estão baseadas nos efeitos de Donnam e na teoria de difusão de dupla camada elétrica. As forças de repulsão entre as moléculas podem ser superadas ou aumentadas por eletrólitos. Em solução com alta concentração de eletrólito, a quantidade de cargas no polieletrólito torna-se alta, resultando na formação da estrutura macromolecular condensada ou esférica (Ghosh & Schnitzer, 1980). O potencial de cargas do polieletrólito não é estendido em solução, sendo possível a aproximação mais forte das macromoléculas. Esse efeito pode resultar na associação de macromoléculas nas quais causa coagulação ou flotação e eventual precipitação (Swift, 1989).

Polímeros orgânicos e inorgânicos em sistemas aquáticos contêm grande número de sítios hidrofílicos (-OH; -COOH; $-NH_2$; -SH) os quais causam alto grau de hidratação. Em ácidos húmicos e fúlvicos, 30% da macromolécula é hidratada por ligação direta das águas de hidratação com os sítios hidrofílicos. O processo de hidratação influencia na estrutura tridimensional da macromolécula e no valor da constante dielétrica dos sítios complexantes vizinhos. Esses dois efeitos podem influenciar na estabilidade do complexo formado (Scheraga, 1979).

Dados físico-químicos indicam a macromolécula húmica apresentando estrutura flexível em razão de interações intra/intermoleculares e pontes de hidrogênio. Os dados do Quadro 16 indicam que o grau de condensação é influenciado pelo pH, concentração de SH e eletrólitos (*Encyclopedia of Analytical Science*, 1995; Ghosh & Schnitzer, 1980).

• Propriedades polieletrolíticas

Na macromolécula húmica os sítios complexantes são divididos em sítios maiores e menores, dependendo da fração molar total de sítios considerados. Sítios maiores são aqueles presentes na ordem de 90% dos sítios presentes (carboxilatos e fenolatos). Sítios menores correspondem a uma pequena fração dos sítios complexantes totais, porém incluem um número variado de tipos de sítios com grupos funcionais contendo nitrogênio e enxofre. Para o controle de metais traço em sistemas naturais esses sítios são de grande importância em razão de sua alta energia de complexação e afinidade por metais de transição e metais moles (*Encyclopedia of Analytical Science*, 1995).

Em ligantes orgânicos naturais, particularmente nas moléculas, a formação de complexos mistos é favorecida pela sua grande extensão e em especial pela ocorrência simultânea de formação de interações π, interações eletrostáticas, pontes de hidrogênio, interações apolares de sítios hidrofóbicos e interações de Van der Waals (Buffle, 1990). A importância relativa dessas propriedades altera-se de acordo com o grau de sítios ocupados. Isso constitui uma diferença fundamental comparando-se com as propriedades dos ligantes simples e uma das maiores dificuldades em entender o comportamento dos complexos homólogos (ibidem).

Quadro 16 – Influência do pH, das concentrações de SH e de eletrólitos no grau de condensação da macromolécula húmica

Conc. SH ($g\ L^{-1}$)	Concentração de eletrólito ($mol\ L^{-1}$)		pH	
	$\leq 0{,}005$	$\geq 0{,}05$	≤ 2	$\geq 3{,}5$
0,1 - 4				
4 - 9				

Adaptado de *Encyclopedia of Analytical Science* (1995); Buffle (1990).

Determinação de metais em substâncias húmicas aquáticas

Os fatores mais relevantes a serem considerados na caracterização das espécies SH-metais são a característica, o teor de grupos funcionais, a capacidade de complexação, o tamanho molecular das SHA e as estabilidades termodinâmicas e cinéticas do complexo M-SHA. Entre esses fatores, apresentados na Figura 15, a escolha do método e do procedimento analítico a ser utilizado na determinação das espécies metálicas é de fundamental importância.

A quantificação de metais em SHA exige a utilização de métodos de determinação com elevada sensibilidade, os quais irão permitir a quantificação das concentrações de metais nas SHA e em suas frações previamente separadas. Com essa finalidade, os métodos baseados em espectrometria atômica utilizando-se atomizadores de chama (AAS-chama), forno de grafite (AAS-grafite), plasma (ICP-OES, ICP-MS) ou fluorescência total com reflectância de raio X (TXRF) têm sido preferencialmente utilizados. Essas metodologias permitem a determinação de metais em intervalos de concentração até ng mL^{-1}, dependendo do analito de interesse e dos interferentes presentes na matriz conforme mostra o Quadro 17.

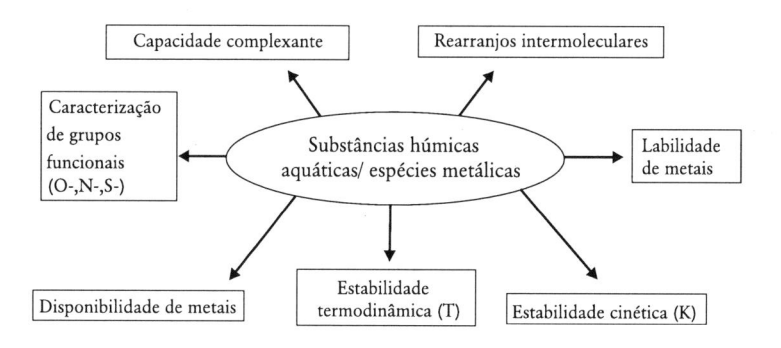

FIGURA 15 – Principais fatores a serem considerados na caracterização de espécies SHA/metais. Adaptada de Burba (1998).

Quadro 17 – Algumas técnicas utilizadas na determinação de metais em amostras de substâncias húmicas aquáticas

Técnicas	Elementos	Limite de detecção	Referências
AAS-chama	Metais alcalinos, alcalinos terrosos e metais pesados	ng mL^{-1} - g mL^{-1}	Burba (1994)
AAS-grafite	Metais alcalinos, alcalinos terrosos e metais pesados	até ng mL^{-1}	Burba (1994)
ICP-OES	Metais alcalinos, alcalinos terrosos e metais pesados	ng mL^{-1} - g mL^{-1}	Rocha et al. (2000a)
ICP-MS	Metais alcalinos, alcalinos terrosos e metais pesados	até ng mL^{-1}	Shkinev et al. (1996); Vogl & Heumann (1997)
TXRF	Elementos com número atômico maior que 12	até ng mL^{-1}	Aster, Von Bohlen & Burba (1997)

Adaptado de Burba (1998).

Soluções de SHA com concentrações menores que 100 mg L^{-1} causam pequenas interferências analíticas. Nesse caso, os sinais analíticos podem ser calibrados utilizando-se soluções de padrões aquosos. Entretanto, para determinações de metais em SHA utilizando-se AAS, é necessário a utilização do procedimento de adição-padrão para eliminação de interferências no sinal analítico mesmo para baixas concentrações de SHA (Burba, 1994). Pode-se, também utilizar o procedimento de digestão, convencionalmente utilizado para amostras de água, para eliminação dos efeitos de matriz das SHA (Santos, 1998).

A TXRF é um método interessante pois permite a determinação direta de vários elementos sem a necessidade do pré-tratamento das amostras mesmo na presença de elevadas concentrações de SHA (por exemplo, 20 mg mL^{-1}) (Aster, Von Bohlen & Burba, 1997). Estudos associados ao aprimoramento dos métodos de determinação de metais em SHA têm sido desenvolvidos dentro do programa de pesquisa alemão DFG-ROSG (Deutsche Forschungsgemeinschaft: Refraktäre Organische Säuren in Gewässern) o qual dá especial ênfase a substâncias orgânicas refratárias de ambientes aquáticos (Heumann et al., 2002). No Brasil também têm sido desenvolvidas metodologias analíticas com especial interesse em determinação de metais em baixas concentrações (Gomes Neto et al., 2000).

Capacidade complexante

Em águas naturais, vários ligantes têm a capacidade de reduzir os efeitos tóxicos de metais adicionados via fontes antrópicas. Isso tem sido atribuído à complexação dos metais pelos ligantes presentes na água e geralmente essa propriedade é referida como a "capacidade complexante da água" (CC). Esta parece estar muito associada com a matéria orgânica dissolvida de massa molar entre 1.000 e 10.000 Da. A maior parte dessa matéria orgânica dissolvida tem características semelhantes às dos ácidos fúlvicos e varia com o sistema aquático em questão (Burba, 1994).

Vários métodos têm sido utilizados para obter informações sobre a capacidade complexante das SHA e cobre tem sido o íon mais utilizado nesses estudos, em razão de sua característica de formar complexos estáveis com vários ligantes de ocorrência natural na água. Entre os métodos utilizados podem-se citar titulação potenciométrica, fluorescência, polarografia, voltametria (Quadro 18). Apesar da comparação entre eles mostrar que todos estão sujeitos a vantagens e desvantagens analíticas, os métodos eletroanalíticos têm sido os mais utilizados (Hart, 1981; Lund, 1990).

A capacidade complexante das SHA é convencionalmente expressa em mmol g^{-1} de SH ou mmol g^{-1} de COD e caracteriza a máxima quantidade de metais livres os quais podem ser ligados às SHA em solução aquosa. O Quadro 19 mostra resultados da capacidade complexante de SH extraídas de diferentes sistemas aquáticos da Alemanha.

Quadro 18 – Algumas técnicas utilizadas para determinação da capacidade complexante de substâncias húmicas aquáticas

Técnicas	Intervalo de concentração Log (mol L^{-1})	Referências
Eletrodo íon seletivo para íons Cu (II)	-5 a – 6	Burba, Rocha & Klockow (1994)
Fluorescência	-6 a – 7	Frimmel (1992); Fish & Morel (1985)
Polarografia	-6 a – 7	Frimmel & Geywitz (1983)
Ultrafiltração/AAS	-7 a – 8	Smith (1976)
Voltametria	-9	Frimmel & Abbt-Braun (1991)

Adaptado de Buffle (1990) e Burba (1998).

Uma técnica simples utilizada para determinação da CC das SHA é a titulação potenciométrica com íons Cu(II), a qual resulta em uma curva da concentração de Cu(II) livre em função da concentração total de Cu(II) adicionado. A Figura 16 mostra a determinação da CC de uma amostra de SHA empregando-se eletrodo íon seletivo (Aster, 1998). Mantendo-se o pH e a força iônica constante, verifica-se o aumento do potencial em função da quantidade de Cu(II) adicionado conforme descrito pela lei de Nernst. Na curva verificam-se três regiões distintas: a primeira (< 7 µg Cu(II) correspondendo a < 10^{-6} mol L^{-1}) está associada à demora na obtenção do sinal analítico por causa da proximidade do limite de detecção da técnica. A segunda região (de 10-80 µg Cu(II)) mostra a complexação de íons Cu(II) pelas SHA e a terceira região (cerca de 80-800 µg Cu(II)) é caracterizada pelo aumento do potencial em função do excesso de íons Cu(II) adicionado indicando a presença de Cu(II) livre. Por extrapolação dos segmentos lineares das regiões II e III, obtém-se a quantidade máxima de cobre complexada pelas SH. Também, a partir da diferença entre os potenciais da região II e

III obtidos pela curva (potencial x Cu(II) acrescentado), pode-se utilizar a equação da lei de Nernst ($E = \{2{,}30\ RT \log [Cu(II)]_{total}/[Cu(II)]_{livre}\}/z.F$) para obter a razão de concentração $[Cu(II)]_{total}/[Cu(II)]_{livre}$ e caracterizar o equilíbrio de complexação.

Quadro 19 – Capacidade complexante de substâncias húmicas aquáticas extraídas de diferentes sistemas aquáticos da Alemanha

Amostras	$CC_{(Cu(II))}$ (mmol g^{-1} C^{-1})	Técnica	Referências
Rios			
Main	2,5	Polarografia	Frimmel & Geywitz (1983)
Danúbio	2,1	Polarografia	Frimmel & Geywitz (1983)
Isar	3,4	Polarografia	Frimmel & Geywitz (1983)
Lagos			
Starnberger See	4,3	Polarografia	Frimmel & Geywitz (1983)
Kochelsee	5,9	Polarografia	Frimmel & Geywitz (1983)
Pântanos			
Hohlohsee	1,2	Fluorescência	Frimmel & Abbt-Braun (1991)
Brunnensee	2,6	Fluorescência	Frimmel (1990)
Venner Moor	3,4	Potenciometria utilizando eletrodo íon seletivo para íons Cu (II)	Burba, Rocha & Klockow (1994)
Águas de subsolo			
Bocholt	1,19	Polarografia	Frimmel (1992)
München	2,80	Polarografia	Frimmel (1992)

Adaptado de Burba (1998).

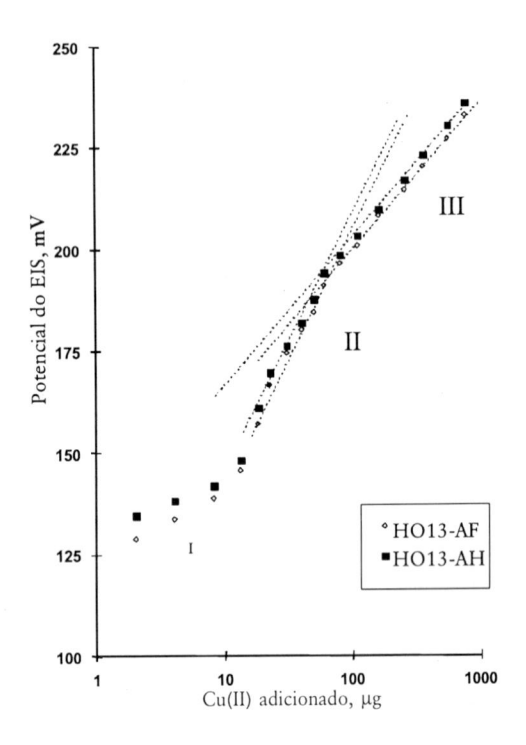

FIGURA 16 – Determinação da capacidade complexante de amostra de ácidos húmicos e fúlvicos, utilizando-se eletrodo íon seletivo para íons Cu(II). HO13-AF: amostra de ácidos fúlvicos extraídos de amostras de água coletada no Reservatório Hohlohsee-Alemanha; HO13-AH: amostra de ácidos húmicos extraídos de amostras de água coletada no Reservatório Hohlohsee-Alemanha. Adaptada de Burba (1998).

Estabilidade termodinâmica

Em razão da variedade de grupos funcionais presentes nas SHA, as espécies metálicas formadas em águas ricas em materiais húmicos são consideradas misturas polidispersas e macromoleculares de complexos metálicos com diferentes estruturas e estabilidades termodinâmicas. Tem sido aceito que os complexos formados entre as SHA e os íons metálicos ocorrem na razão 1:1 (Perdue, 1988; Lund, 1990). O equilíbrio entre os sítios ligantes (L) das SH e os íons metálicos (M) pode ser descrito principalmente pelas seguintes equações:

$$CM = [M] + [ML] \quad (2)$$

$$CL = [L] + [ML] \quad (3)$$

$$[ML] = K\,[M]\,[L] \quad (4)$$

Nesse caso, CM e CL representam a concentração total de íons metálicos M e dos sítios de ligação das SH, respectivamente. Operacionalmente, a capacidade de complexação condicional das SH pode ser caracterizada em relação ao íon metálico (M) sob estudo, cujos resultados podem ser expressos em mmol g^{-1} DOC de SH ou em mmol g^{-1} de SH. M, L e ML são as concentrações de metais livres, sítios de ligação das SH livres de metais e complexos metálicos formados, respectivamente. K é a constante de estabilidade do equilíbrio. Pressupondo que C_L é conhecido e M pode ser quantificado por métodos apropriados, K pode ser determinada pela equação 4. Entretanto, o simples cálculo só é válido no caso de uniformidade dos sítios de ligação L e dos complexos ML, ou seja, quando os íons metálicos são ligados seletivamente em um sítio específico das SH (por exemplo, a ligação de íons Hg (II) nos grupos tiofenóis). Ao contrário disso, os sítios de ligação das SH e seus complexos metálicos são definidos como uma mistura complexa de diferentes ligantes L_i e de complexos metálicos ML_i. Assim, em vez da equação 4, uma função que melhor representa a estabilidade pode ser descrita pela equação 5.

$$K_i = \frac{[ML_i]}{[M]\,[L_i]} \quad (5)$$

Utilizando a concentração total Mb ao invés de $[ML_i]$ e substituindo a concentração do ligante $[L_i]$ por L_t/Meq (onde L_t é a concentração do ligante em g L^{-1} e Meq é o intervalo de massa equivalente de todos os ligantes em g mol^{-1}), a equação 5 pode ser derivada à equação 6.

$$K_i = \frac{Mb}{[M]\, L_t/\, Meq} \qquad (6)$$

Entretanto, os valores de K_i obtidos são considerados apenas condicionais pois não levam em consideração as características polifuncionais, polieletrolíticas e não homogênea das SH, as quais podem sofrer processos de transformação e/ou agregação. Variáveis desse tipo dificilmente são controladas em soluções de HS ou amostras de água naturais armazenadas por longo tempo. Assim, o tempo de armazenamento da amostra é um importante parâmetro a ser considerado nas determinações da constante de estabilidade. Por causa desse problema, interações entre SHA e íons metálicos são preferencialmente caracterizadas usando modelos simplificados de complexação, baseados em *discrete-ligant* ou *continuous-distribution* (Marinsky & Ephraim, 1986; Gamble, Underdown & Langford, 1980). No caso do modelo *discrete-ligant*, assume-se que os sítios de ligação das SH consistem simplesmente em um número restrito de diferentes ligantes (L_i) comportando como uma mistura de ligantes estáveis os quais podem complexar com íons metálicos (M) independentemente (equação 7).

$$M + L_i = ML \qquad (7)$$

O modelo *continuous-distribution* é mais adequado para descrição da complexação de metais em SHA pois considera a existência de mais de dois ou três sítios de ligação com diferentes características e nesse caso o equilíbrio é diferenciado pelo tipo do sítio de ligação, conforme mostra a equação 8. Maiores considerações sobre a estabilidade termodinâmica de complexos SH-metal podem ser obtidas em Buffle (1990) e Kinniburg et al. (1996).

$$K^* = \frac{d\,[ML]}{[M]\, d\,[L]} \qquad (8)$$

A estabilidade cinética e termodinâmica da espécie formada SHA-poluente influencia diretamente no seu transporte, acúmulo e biodisponibilidade para o ecossistema. Assim, investigações dos processos de troca entre SHA e metais são importantes em estudos de hidrogeoquímica (Frimmel, 1992). Para esses estudos é fundamental o desenvolvimento de métodos analíticos para caracterizar quali/quantitativamente espécies metálicas no ambiente. Um dos principais problemas desse tipo de medida é que, geralmente, trabalha-se com concentrações extremamente baixas, em matrizes complexas, onde coexiste um grande número de interferentes.

Labilidade relativa de espécies métalicas complexadas por substâncias húmicas aquáticas

Processos de troca iônica

Way & Thompson (1850) apud Padilha, 1993, descobriram a capacidade de troca iônica, trabalhando com solos. Verificaram que quando se percola uma solução de íons amônio em uma porção de solo, há retenção dos cátions NH_4^+ e liberação de uma quantidade equivalente de íons cálcio (Ca^{2+}). Com base nessas observações, diversos pesquisadores trabalharam na tentativa de sintetizar trocadores de íons.

No processo de troca iônica ocorre uma reação química reversível entre os íons das duas fases imiscíveis. Pode-se considerar um trocador iônico como uma substância insolúvel que pode trocar alguns de seus íons por outros do mesmo tipo de carga, contidos em um meio com o qual está em contato. Embora o trocador seja imiscível na solução, os seus íons trocáveis devem ser solúveis no meio reacional, porém não se pode deslocá-los da matriz sem a conseqüente substituição. As principais características de um trocador iônico são a capacidade de troca iônica e a seletividade. Além disso, um bom trocador deve possuir estabilidade mecânica, química, térmica e extrema insolubilidade. Tais propriedades são influenciadas tanto pela estrutura do suporte quanto pelo grupo funcional responsável pela troca iônica.

A troca iônica é um fenômeno dependente tanto das propriedades do trocador quanto da identidade das espécies catiônicas e aniônicas presentes na solução. O pH da solução também é fundamental para a trocabilidade dos íons. Dois fenômenos são muito importantes nesse caso: o grau de dissociação dos grupos funcionais do trocador e a competição entre os íons H_3O^+ e OH^- presentes na solução e os demais íons que estão sendo trocados. A afinidade de um íon em solução pelo trocador depende basicamente da carga elétrica desse íon, do raio iônico e do seu grau de hidratação (Padilha, 1993).

A celulose possui diversas propriedades desejáveis como material suporte para os processos de pré-concentração ou de separação analítica de metais. Ou seja, boa estabilidade mecânica e química, grau de pureza elevado e caráter hidrofílico adequado para os processos de troca iônica em soluções aquosas. A celulose isolada de origem natural apresenta microestrutura fibrosa. As cadeias com alta orientação são denominadas área "cristalina" e esses centros densos são interconectados por fibras compostas de baixa ordem (cadeia glicosídica amorfa). As pontes de hidrogênio entre as cadeias de celulose e em especial nas fibras centrais causam a estabilidade dimensional e restringem a expansão da matriz celulose tornando-a insolúvel em água.

Quando grupos ionizáveis são introduzidos nessas matrizes, o polímero natural celulose torna-se um material trocador iônico. A Figura 17 mostra diagramaticamente a microestrutura da celulose trocadora iônica natural. As linhas sólidas na horizontal representam os agregados das cadeias de carboidrato e os círculos são os sítios de troca iônica (Khym, 1974).

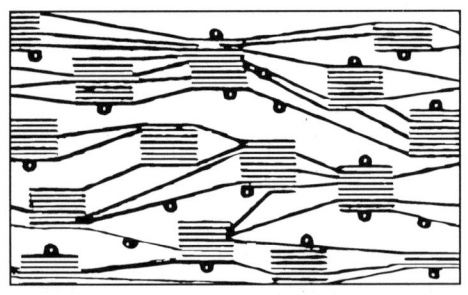

FIGURA 17 – Diagrama da microestrutura da celulose trocadora iônica natural (Adaptada de Khym, 1974).

Reações químicas para aderir grupos ionizáveis à matriz celulose são processadas com dificuldade em regiões cristalinas, e mais facilmente em áreas amorfas. A Figura 18 mostra diagramaticamente a microestrutura da celulose trocadora iônica macrogranular. As linhas sólidas na horizontal, as linhas largas com pontos e os círculos representam as regiões de alta orientação, as ligações cruzadas e os sítios de troca iônica, respectivamente (Khym, 1974).

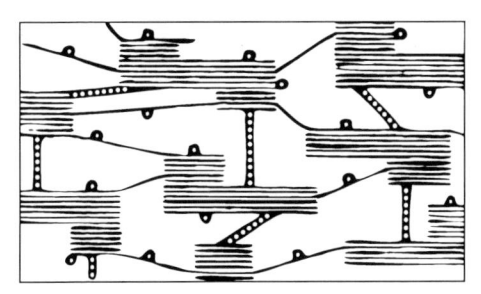

FIGURA 18 – Diagrama da microestrutura da celulose trocadora iônica macrogranular (adaptada de Khym, 1974).

Especiação de metais em SHA utilizando-se trocadores iônicos

A utilização de trocadores iônicos para estudos de labilidade de metais complexados em SHA têm sido publicados (Burba, Rocha & Schulte, 1993; Burba, Rocha & Klockow, 1994; Rocha, Toscano & Burba, 1997; Rocha, Toscano & Cardoso, 1997). O princípio do procedimento baseia-se na troca de espécies metálicas complexadas às SHA (SHA-M) por um trocador iônico, cujo equilíbrio pode ser descrito da seguinte forma:

$$\text{SHA-M} \underset{\text{solução}}{\overset{K_{SH}}{\rightleftharpoons}} \text{HS} + \text{M} + \text{RTI} \underset{\text{trocador}}{\overset{K_{troca}}{\rightleftharpoons}} \text{M-RTI} \qquad (9)$$

onde SHA-M: espécie formada entre substâncias húmicas aquáticas SHA e metal; SHA: substâncias húmicas aquáticas RTI: trocador iônico, *solid phase-exchanger*; M-RTI: espécies formadas entre o trocador e o metal.

O coeficiente de distribuição (Kd) é definido como a relação entre a concentração da espécie iônica no trocador e a concentração dessa espécie em solução. As concentrações são geralmente expressas em mol L^{-1}, embora também sejam aceitos resultados em mL g^{-1}. O valor de Kd possibilita verificar se o sistema atingiu o equilíbrio e pode servir para indicar qual metal é mais bem separado, entre outros (Burba, Rocha & Schulte, 1993; Rocha, Toscano & Burba, 1997; Rocha, Toscano & Cardoso, 1997).

No caso do uso de técnicas de eluição, a velocidade com que os íons se movem é proporcional aos seus coeficientes de distribuição (Thurman & Field, 1989) e o Kd é calculado conforme mostra a equação (10):

$$\text{Kd (mL g}^{-1}) = \frac{\text{Concentração de metal na RTI (g g}^{-1})}{\text{Concentração de metal na solução (g mL}^{-1})} \quad (10)$$

onde: RTI = resina trocadora iônica.

Baseados no coeficiente de distribuição (Kd), Burba, Rocha & Schulte (1993) e Burba, Rocha & Klockow (1994) caracterizaram a labilidade relativa de metais pesados complexados às SHA, utilizando resina de troca iônica de base celulósica funcionalizada com ácido trietileno tetra-amino penta-acético (TETPA). Utilizando sistema em fluxo e com base nos altos coeficientes de distribuição dos metais, frações lábeis e inertes foram caracterizadas em função das diferentes cinéticas de troca em uma pequena coluna contendo a resina TETPA.

Rocha, Toscano & Burba (1997) e Rocha, Toscano & Cardoso (1997) também estudaram a labilidade de espécies metálicas (Cd, Ni, Mn, Cu e Pb) complexadas às SHA utilizando resinas trocadoras iônicas de base celulósica Hyphan e Foscel em função do pH, concentração de SHA, tempo de contato e tempo de complexação (*ageing*). Esses autores verificaram que o pH é um fator importante na recuperação dos metais, sendo os pH 9,0 e 5,0 os melhores para utilização das resinas Hyphan e Foscel, respectivamente. Também, verificaram que o aumento do tempo de complexação (1 hora até 8 dias) e da concentração das SHA (0,5-4,0 mg) exerce influência nas reações de complexação entre SHA e metais, diminuindo a labilidade das espécies metálicas. Os estudos de labilidade de metais complexados às SHA têm mostrado que as estabilidades cinéticas e termodinâmicas das espécies SHA-metal dependem de diversos parâmetros como pH, concentrações de SHA/metal e capacidade e tempo de complexação.

O Quadro 20 mostra os dados da separação dos metais em solução sintética em função da massa de resina fosfato de celulose (RTI), mantendo-se o pH constante em 5,0. Nota-se que a sorção dos íons metálicos é proporcional à massa da resina, pois a sorção do soluto tende a aumentar com o aumento da massa de sólido. Entretanto, observa-se que os valores de recuperação não são diretamente proporcionais à massa de RTI em toda a extensão, permanecendo constantes acima de 60 mg.

Quadro 20 – Recuperação de metais em função da massa de resina Foscel. Procedimento em batelada, amostras sintéticas (sem SHA) e pH 5,0

Metais	Massa de resina Foscel (mg)						
	5	10	20	40	60	80	100
	% de recuperação						
Cd	15	31	48	60	74	74	74
Ni	3	10	20	57	90	90	90
Mn	15	24	50	74	92	94	94
Cu	45	85	90	92	97	97	97
Pb	25	43	60	94	95	95	95

Adaptado de Rocha, Toscano & Burba (1997).

Uma eficiente pré-concentração multielementar por procedimento em batelada requer resinas de troca iônica com altos coeficientes de distribuição, preferivelmente da ordem $>10^4$. Utilizando-se a resina de troca iônica Foscel como coletor, para as frações metálicas lábeis na solução de SHA, obtiveram-se valores de Kd entre 10^2 - 10^3 (mL g^{-1}) no intervalo de pH 3,0 - 11,0. Como mostra a Figura 19, os metais exibem curvas com um máximo em soluções neutras e pequena redução em meios levemente ácidos e alcalinos. Em pH <3 aumenta a remobilização dos íons metálicos tanto das moléculas de SHA como dos grupos fosfatos do coletor.

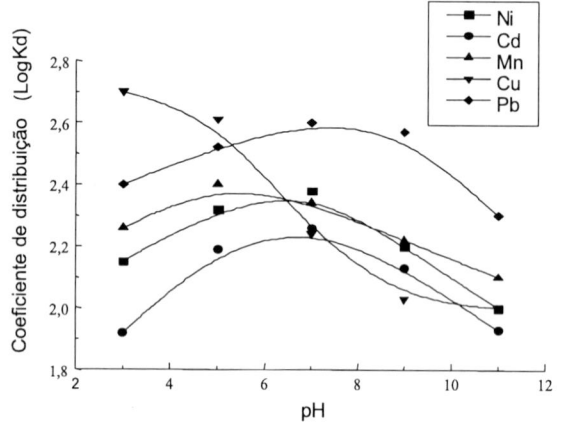

FIGURA 19 – Coeficiente de distribuição de metais (Kd) com resina Foscel na presença de SHA em função do pH (10,0 mL de SHA (1,0 mg mL^{-1}), 24 h de complexação e 80,0 mg de RTI Foscel). Adaptada de Rocha, Toscano & Burba (1997).

Trocadores iônicos de base celulósica freqüentemente exibem altos coeficientes de distribuição, da ordem de 10^4 para íons metálicos como Cu, Ni, Co, Pb, Mn e Zn em soluções salinas (sintéticas) (Burba, 1994; Burba, Rocha & Klockow, 1994). Assim, a separação de íons metálicos de soluções aquosas por resinas celulósicas (na ausência de SHA) pode ser caracterizada por tempos de meia vida, $t_{1/2}$, relativamente curtos, da ordem de 8-20s, como mostrado por Burba (1994). O equilíbrio entre o coletor e a fase da solução é estabelecido em poucos minutos. Entretanto, a cinética de separação de íons metálicos complexados por SHA pode ser retardada de algumas ordens de magnitude. Ambos os efeitos, o retardamento cinético e a redução da recuperação de frações metálicas ligadas às SHA, têm sido utilizados para caracterizar operacio-nalmente as labilidades relativas de metais.

Utilizando-se resina trocadora Hyphan e substâncias húmicas aquáticas extraídas de amostras de água do Rio Ruhr por ultrafiltração, Burba (1994) estabeleceu a seguinte ordem de labilidade relativa para os íons metálicos: Mn>Co>Zn>Cu>Ni>>Fe utilizando-se SHA extraídas por ultracentrifugação.

Entretanto, o trocador iônico Hyphan tem a desvantagem de requerer pH relativamente alto (8,0) para separação quantitativa dos metais em procedimento por batelada, em contraste com a resina Foscel. Labilidades similares para espécies SHA-metal foram também caracterizadas por meio de procedimento em fluxo utilizando-se um coletor de base celulósica imobilizado com ligante tipo EDTA (Burba, Rocha & Klockow, 1994).

A separação de frações metálicas lábeis complexadas por SHA utilizando-se resina Foscel é mostrada na Figura 20 em função do tempo de contato. Tempo de contato >60 minutos é requerido para atingir o equilíbrio de troca descrito na equação (9) e, dependendo do metal, obter 65%-75% de recuperação final de metal recuperado pela Foscel. O processo de troca entre a resina Foscel e as espécies SHA-metal apresentou a seguinte ordem de labilidade relativa: Cu>Pb>Mn>Ni>Cd.

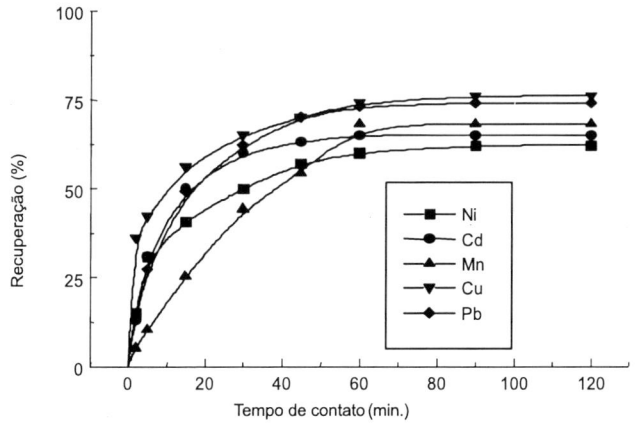

FIGURA 20 – Separação de íons metálicos ligados a SHA em função do tempo de contato (10,0 mL de SHA (1,0 mg mL^{-1}), pH 5,0, 24 h de complexação e 80,0 mg de RTI Foscel). Adaptada de Rocha, Toscano & Burba (1997).

A cinética e a ordem de reação desse processo de troca iônica podem ser obtidas pela Figura 21, a qual mostra a separação das frações lábeis trocáveis de Cu, Mn e Pb (concentração C_L) plotadas logaritmicamente em função do tempo de contato. Bem no início (<3 min), cerca de 50% de Cu, 20% de Mn e de Pb complexados por SHA são separados com relativa facilidade. Após 3 minutos, a separação dos íons ocorre de modo uniforme com $t_{1/2}$ cerca de 12-14 minutos indicando uma lenta cinética de primeira ordem se comparada com a troca de metais pela Foscel utilizando-se soluções salinas ($t_{1/2}$ da ordem de 10-25s) (Padilha et al., 1995). Essa cinética de primeira ordem indica que, além de um processo lento de dissociação nos complexos SHA-metal, pode ocorrer também retardamento em razão do transporte de íons do complexo macromolecular SHA-metal pelos estreitos poros da celulose.

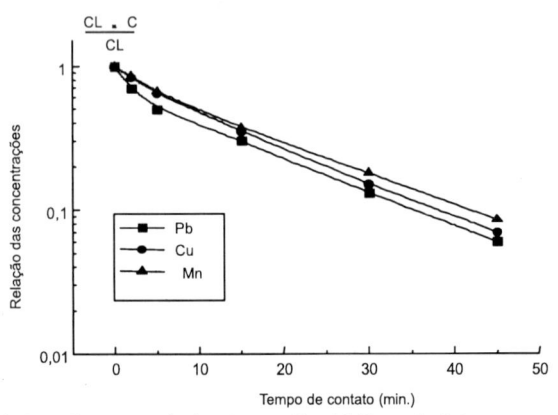

FIGURA 21 – Separação da fração metálica lábil trocável (concentração C_L) em função do tempo de contato (condições iguais às da figura). Adaptada de Rocha, Toscano & Burba (1997).

Em princípio, a troca de íons metálicos entre resina e a fração metálica lábil de complexos macromoleculares com SHA-metal pode ser descrita pelo seguinte equilíbrio:

$$\text{SHA-M} \xrightarrow{K_{SHA}} \text{SHA} + \text{M} + \text{RTI} \xrightarrow{RTI} \text{M-RTI} \qquad (11)$$

onde SHA-M indica as espécies formadas entre os íons metálicos e a SHA, RTI indica resina de troca iônica (fase sólida) e M-RTI indica as espécies formadas entre os íons metálicos e a resina de troca iônica. Assim, as concentrações das espécies SHA-M e M-RTI, governadas pelas respectivas constantes de equilíbrio K_{SHA} e K_{RTI}, são deslocadas para SHA-M se a concentração de SHA aumenta. A influência do aumento da concentração de SHA na distribuição de metais na resina Foscel é mostrada na Figura 22. Um aumento de oito vezes da concentração de SHA (por exemplo, 4,0 mg/ml^{-1} SHA) diminuiu o coeficiente de distribuição dos metais (Kd) por fatores da ordem de 5 a 100 mL g^{-1}.

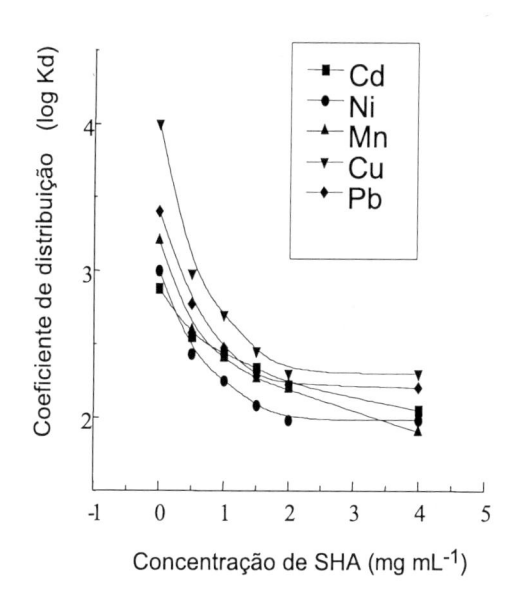

FIGURA 22 – Coeficiente de distribuição de metais (Kd) com resina Foscel em função da concentração de SHA (pH 5,0, 24 h de complexação, 10,0 mL de amostra e 80,0 mg de RTI Foscel). Adaptada de Rocha, Toscano & Burba (1997).

Outro importante parâmetro que influencia fortemente na labilidade de frações metálicas complexadas por SHA é o tempo de complexação (*ageing*) das espécies SHA-M formadas, discutido por

Burba (1994). Um efeito de transformações similares (Figura 23) pode ser observado no caso de troca entre espécies SHA-M e resina Foscel. Observa-se que após oito dias de complexação o Cu(II) recuperado diminuiu de cerca de 55% para 20%. De modo geral o mesmo efeito é observado para os demais íons, indicando que os íons metálicos, quando em contato com SHA, primeiramente ocupam os sítios ligantes mais externos das moléculas. Com o tempo, os sítios menos acessíveis vão sendo ocupados, ocorrendo o transporte dos metais para os grupos ligantes mais internos e possivelmente com sítios de complexação mais fortes.

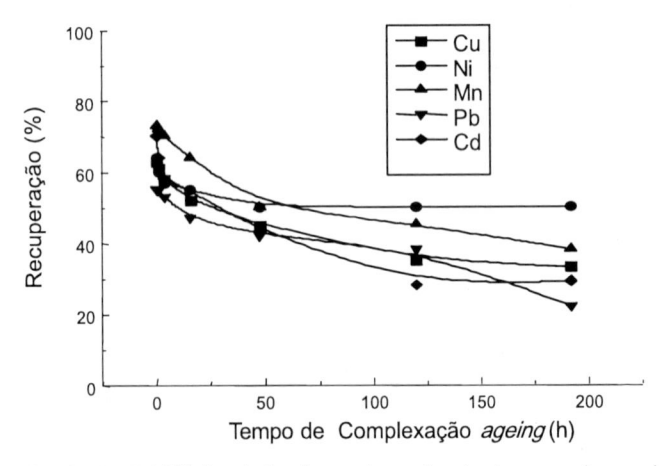

FIGURA 23 – Labilidade relativa de metais, em função do tempo de complexação (*ageing*) das espécies SHA-M formadas (pH 5,0, 10,0 mL de SHA 1,0 mg mL^{-1}, 24 h de complexação e 80,0 mg de RTI Foscel). Adaptada de Rocha, Toscano & Burba (1997).

Distribuição e rearranjos intermoleculares de espécies metálicas em frações de substâncias húmicas aquáticas com diferentes tamanhos moleculares

O estudo da distribuição de metais em águas naturais possibilita um melhor entendimento dos fenômenos de transporte, acumulação e biodisponibilidade das várias espécies metálicas no ambiente aquático. Sargentini Jr. et al. (2001) caracterizaram a distribuição de níquel, cobre, zinco, cádmio e chumbo em frações com diferentes tamanhos moleculares de substâncias húmicas extraídas de amostras de água do Rio Negro (AM). A Figura 24a mostra a distribuição das frações de SHA com diferentes tamanhos moleculares em função das respectivas porcentagens de carbono e de íons metálicos originalmente complexados. Observa-se que a fração de menor tamanho molecular F_6 (< 5 kDa) tem cerca de quatro vezes mais carbono que a fração de maior tamanho molecular F_1 (> 100 kDa) e as frações de tamanhos moleculares intermediários têm entre 10%-20% de carbono. Assim, após o fracionamento, pode-se estabelecer a seguinte ordem decrescente de distribuição de carbono nas diferentes frações: $F_6 > F_2 > F_3 > F_5 = F_4 > F_1$. A perda no balanço de massa, cerca de 2%-8%, é atribuída à adsorsão de matéria orgânica na superfície das membranas do sistema de ultrafiltração (Burba, Shkinev & Spivakov, 1995). Burba, Shkinev & Spivakov (1995) e Rocha et al. (1999), estudando SHA do Rio Rhur (Alemanha, extraídas por ultrafiltração) e SHA do Rio Negro (AM-Brasil), extraídas com resina XAD 8, respectivamente, observaram uma distribuição com a maioria da massa de SHA concentrada nas frações de tamanhos moleculares médios F_2 (50-100 kDa) e F_3 (10-50 kDa). Entretanto, as condições experimentais utilizadas por esses autores não foram as mesmas de Sargentini Jr. et al. (2001) e, portanto, os dados não são comparáveis.

A Figura 24b mostra que após adição de íons metálicos, durante as primeiras 24 horas de contato (metal-SHA 1D), a distribuição de carbono modificou para todas as frações em comparação com as frações SHA, Figura 24a (sem adição de metais). Nesse caso, caracterizou-se a seguinte ordem intermediária de distribuição de carbono nas diferentes frações: $F_3 > F_1 > F_6 > F_5 = F_2 > F_4$. Entretanto, após 10 dias de contato entre as substâncias húmicas e os íons metálicos, metal-SHA 10D (Figura 24c), caracterizou-se uma ordem decrescente de distribuição de carbono nas frações de diferentes tamanhos moleculares semelhante àquela estabelecida para a SHA sem adição de metais (Figura 24a), ou seja: $F_6 > F_2 > F_3 > F_1 > F_4 > F_5$. Esses resultados reforçam a hipótese da ocorrência de rearranjos inter e/ou intramoleculares nas macromoléculas húmicas quando estas interagem com íons metálicos formando diferentes espécies metal-SHA (Burba, Rocha & Klockow, 1994; Rocha, Toscano & Burba, (1997).

A Figura 24a mostra que a maior porcentagem dos íons metálicos originalmente presentes nas SHA está complexada na fração F_2 (50-100 kDa). Nas demais frações a porcentagem de distribuição dos metais é relativamente semelhante, com decréscimo na fração F_6 (< 5 kDa), exceção de Ni(II) que tem maior porcentagem complexada preferencialmente nessa fração de menor tamanho molecular. De modo geral, pode-se estabelecer a seguinte ordem decrescente de complexação dos íons metálicos originalmente complexados nas diferentes frações: $F_2 >> F_1 = F_4 = F_5 > F_3 > F_6$.

A Figura 24b mostra que nas primeiras 24 horas de contato entre os metais adicionados e as SHA, nas frações de maiores tamanhos moleculares (F_1-F_3) há inversão nas porcentagens de complexação dos metais quando comparadas com os dados da Figura 24a (metais originalmente complexados). Entretanto, após 10 dias de complexação (Figura 24c), a distribuição de metais nas três frações de maiores tamanhos moleculares (F_1-F_3) volta a apresentar características semelhantes àquelas distribuições de metais originalmente complexados pelas SHA, mostradas na Figura 24a.

O Quadro 21 lista as ordens decrescentes de complexação de metais originalmente complexados pelas diferentes frações de SHA, após adição de íons metálicos com tempo de complexação de 24 horas (metal-SHA 1D) e 10 dias (metal-SHA 10D).

Os resultados obtidos por Sargentini Jr. et al. (2001) reforçam a hipótese de que, em razão de rearranjos inter e/ou intramoleculares, quando as macromoléculas húmicas interagem com íons metálicos formando diferentes espécies o complexo metal-SHA tende a se estabilizar em função do tempo e, conseqüentemente, a labilidade relativa dos íons metálicos diminui. Assim, em águas com elevada concentração de matéria orgânica, como as do Rio Negro (AM), as substâncias húmicas aquáticas podem agir como um "tampão", diminuindo a disponibilidade de íons metálicos para participar de outras reações no ambiente aquático.

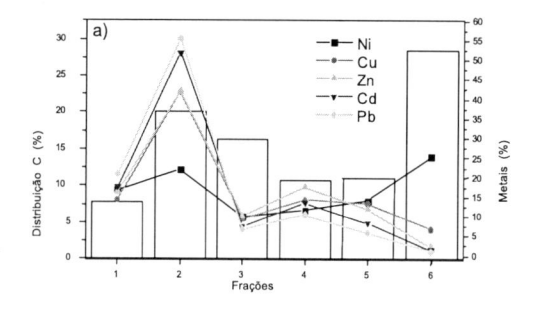

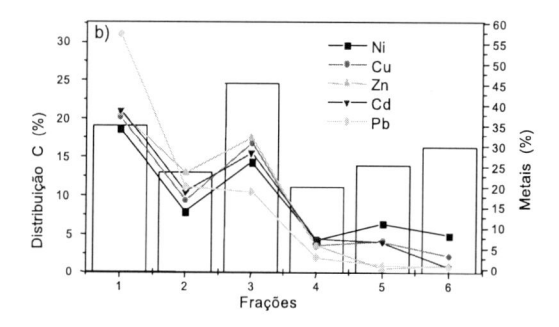

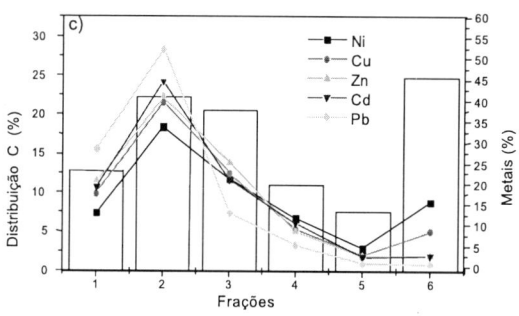

FIGURA 24 – Distribuição de frações de substâncias húmicas aquáticas extraídas de amostras de água do Rio Negro (AM), em função do tamanho molecular e concentrações de espécies metálicas: a) originalmente complexadas (SHA); b) após adição de íons metálicos com tempos de complexação de 24 horas (metal-SHA 1D); c) após 10 dias de complexação (metal-SHA 10D). Condições: 250 mL SHA 1,0 mg L^{-1} mantida em pH 5,0; adição de Ni 0,50; Cu 0,25, Zn 10,0; Cd e Pb 2,5 (g mL^{-1}; fracionamento utilizando o SFSUF (Rocha et al., 2000c). Frações F_1: >100, F_2: 50-100, F_3: 30-50, F_4: 10-30, F_5: 5-10 e F_6: <5 kDa. Adaptada de Sargentini Jr. et al. (2001).

Quadro 21 – Ordens decrescentes de complexação de metais nas frações de substâncias húmicas aquáticas extraídas de amostras de água do Rio Negro (AM). Metais originalmente complexados (SHA), após adição de íons metálicos com tempo de complexação de 24 horas (metal-SHA 1D) e após 10 dias (metal-SHA 10D). Condições: 250 mL SHA 1,0 mg L^{-1} mantida em pH 5,0; adição de Ni 0,50; Cu 0,25; Zn 10,0; Cd e Pb 2,5 (g mL^{-1}; fracionamento utilizando o SFSUF (Rocha et al., 2000c). Frações F_1: >100, F_2: 50-100, F_3: 30-50, F_4: 10-30, F_5: 5-10 e F_6: < 5 kDa

Condições experimentais	Metais	Ordem decrescente de complexação nas frações
Metais originalmente complexados nas SHA	Níquel	$F_6>F_2>F_1>F_5>F_4=F_3$
	Cobre	$F_2>F_1=F_4=F_5>F_3>F_6$
	Zinco	$F_2>F_4=F_1>F_5=F_3>F_6$
	Cádmio	$F_2>F_1>F_4>F_5>F_3>F_6$
	Chumbo	$F_2>F_1>F_4>F_3=F_5>F_6$
24 horas de complexação após adição de metais	Níquel	$F_1>F_3>F_2>F_5>F_6>F_4$
	Cobre	$F_1>F_3>F_2>F_5>F_4>F_6$
	Zinco	$F_1>F_3>F_2>F_4>F_6>F_5$
	Cádmio	$F_1>F_3>F_2>F_4>F_5>F_6$
	Chumbo	$F_1>F_2>F_3>F_4>F_5>F_6$
10 dias de complexação após adição de metais	Níquel	$F_2>F_3>F_6>F_1>F_4>F_5$
	Cobre	$F_2>F_3>F_1>F_4>F_6>F_5$
	Zinco	$F_2>F_3>F_1>F_4>F_6=F_5$
	Cádmio	$F_2>F_3=F_1>F_4>F_6=F_5$
	Chumbo	$F_2>F_1>F_3>F_4>F_5=F_6$

Adaptado de Sargentini Jr. et al. (2001).

Redução de mercúrio iônico por substâncias húmicas aquáticas

As interações de SHA com metais pesados não estão limitadas somente à complexação, mas também a reações de oxirredução.

Poucos estudos são encontrados na literatura sobre a variação do número de oxidação de íons metálicos na presença de SH, tais como manganês (Heintze & Mann, 1946), ferro (Szilagyi, 1971), vanádio (Pommer, 1957), crômio e molibdênio (Lakatos, Tibai & Meisel, 1977) e mercúrio (Alberts et al., 1974; Skogerboe & Wilson, 1981; Allard & Arsenie, 1991; Matthiessen, 1995).

Aspectos quantitativos sobre as propriedades redutoras das SH têm sido investigadas por diferentes metodologias. Helburn & MacCarthy (1994) determinaram a capacidade de redução de substância húmica natural e de uma mistura de grupos fenólicos em diferentes valores de pH, utilizando titulação redox com ferrocianeto. Os resultados desse estudo inferiram a associação da propriedade redutora das SH aos grupos fenólicos. Matthiessen (1995) estudou as propriedades redutoras de uma amostra de SH utilizando método fotométrico e obteve resultados concordantes com Helburn & MacCarthy (1994).

Rocha et al. (2000b) estudaram a redução de mercúrio iônico por SHA extraídas de amostras de água do Rio Negro (AM). A pré-concentração do mercúrio reduzido foi feita em resina Chelite S® (Rocha, Burba & Klockow, 1993) e a determinação por espectrometria de absorção atômica com geração de vapor frio (Rocha, Santos & Sene, 1994). A redução do íon Hg(II) em função do tempo (Figura 25) mostrou que cerca de 40% dos íons Hg(II) adicionados às SHA foram reduzidos, independentemente da razão Hg(II)/SH. O restante dos íons Hg(II) adicionados, provavelmente, foram complexados por grupamentos presentes na estrutura das SHA (Rocha et al., 1998). Ou seja, os processos de redução por grupamentos semiquinonas (Allard & Arsenie, 1991) e de complexação por grupamentos tiofenólicos (Xia et al., 1999; Rocha et al., 1998) atuam simultaneamente na interação das SHA e o íon Hg(II).

A cinética do processo de redução mostrou ser de primeira ordem ocorrendo em duas etapas (Figura 26). Durante a primeira etapa (cerca de 300 minutos) 60%-70% do mercúrio reduzível foi reduzido enquanto o restante foi reduzido em cerca de 2.000 minutos. As constantes das velocidades (K) encontradas foram de aproximadamente 0,1 e 0,02 h^{-1}, respectivamente.

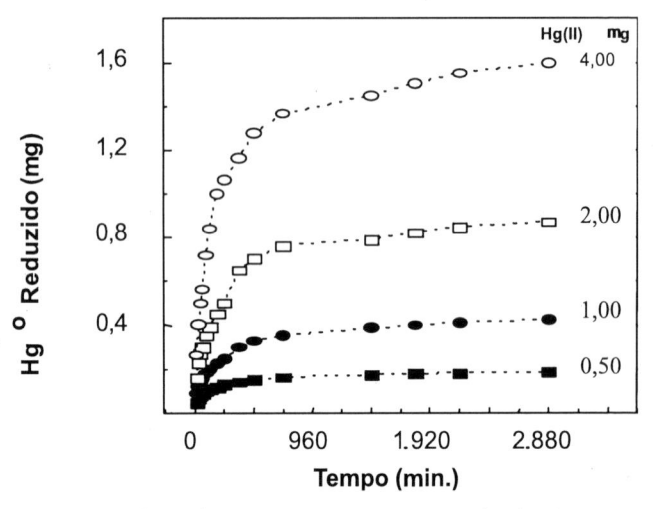

FIGURA 25 – Redução de mercúrio(II) por SHA extraídas do Rio Negro (AM) em função do tempo. Condições: 1,0 mg SHA, 0,5-4,0 mg Hg(II), pH 5,0. Adaptada de Rocha et al. (2000b).

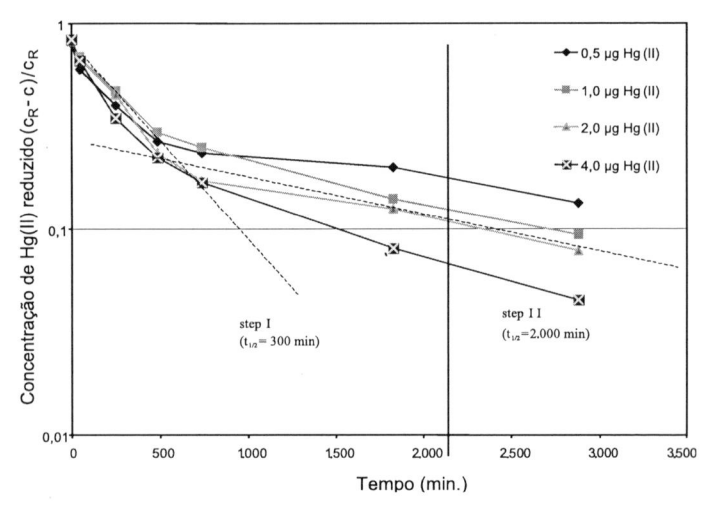

FIGURA 26 – Cinética da redução de mercúrio(II) por SHA extraídas de amostra de água do Rio Negro (AM) em função do tempo. Condições: 1,0 mg SHA, 0,5-4,0 µg Hg(II), pH 5,0. Adaptada de Rocha et al. (2000b).

Rocha et al. (2000b) também verificaram que a eficiência da redução (ER) de íons Hg(II) por SHA é fortemente influenciada pelos valores de pH, conforme mostrado na Figura 27. Os valores de ER variam de 0,3-0,45 em baixos valores de pH (2-5), atingem o máximo em pH 8, diminuindo novamente para altos valores de pH. Essas variações do poder redutor das SHA em função do pH podem estar associadas às alterações nas conformações estruturais das SHA, as quais favorecem ou não o processo de redução. Outro parâmetro relevante na redução de Hg(II) é a concentração das SHA (Figura 28). Os resultados mostraram que a redução do íon Hg(II) é inversamente proporcional à concentração de SHA, mas também dependente da razão SH/Hg(II) (Figura 25). Matthiessen (1998), utilizando SHA sintética, observou uma relação linear entre a redução e a quantidade de Hg(II) adicionada. Esses resultados contraditórios podem estar associados à diferente natureza das SH investigadas.

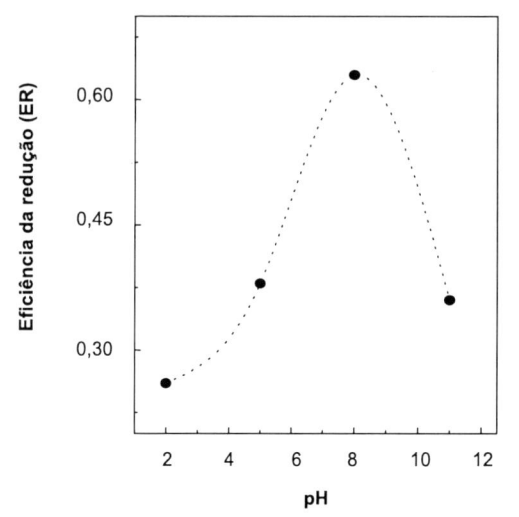

FIGURA 27 – Influência do pH na redução do íon mercúrio(II) por SHA extraídas de amostra de água do Rio Negro (AM). Condições: 1,0 mg SHA, 1,0 µg Hg(II). Adaptada de Rocha et al. (2000b).

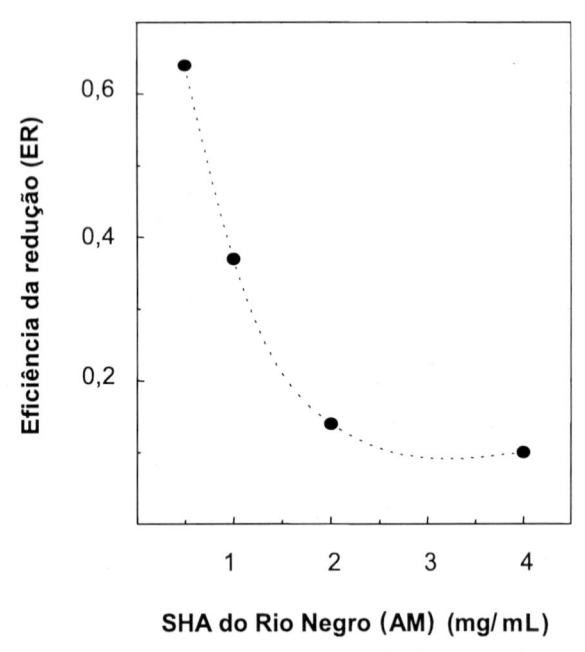

FIGURA 28 – Influência da massa de SHA extraídas de amostra de água do Rio Negro (AM) na redução de mercúrio(II). Condições: 1,0 µg Hg(II), pH 5,0. Adaptada de Rocha et al. (2000b).

Com base nos resultados obtidos, Rocha et al. (2003) verificaram que fenômenos associados a complexação/redução do íon mercúrio (II) pelas SHA influenciam na distribuição e na disponibilidade dessa espécie no ambiente. Logo, as SHA exercem importante papel e participam do ciclo do mercúrio em águas predominantemente escuras, como a Bacia do Rio Negro na região amazônica (Jardim & Fadini, 1999; Fadini & Jardim, 2001).

Determinação de constantes de troca

Para o estudo de troca entre espécies metálicas originalmente complexadas por frações húmicas e íons Cu(II), utilizou-se o procedimento analítico proposto por Burba, Van den Bergh & Klockow (2001) ilustrado na Figura 29.

O equilíbrio alcançado entre M-SHA (M= Fe, Al e Co) e a troca pelos íons Cu(II) pode ser descrito pelas razões M_{livre}/ M-SHA em função da razão crescente de íons $Cu(II)_{livre}$ / Cu-SHA, como mostrado na Figura 30. Considerando que no estado de equilíbrio a lei de ação das massas é obedecida, de acordo com a equação (12), é possível determinar os valores das constantes de troca entre as espécies Fe, Al e Co por íons Cu(II).

$$M\text{-}SHA + Cu \rightarrow Cu\text{-}SHA + M \qquad (12)$$

$$K_{troca} = \frac{[Cu\text{-}SHA][M]}{[M\text{-}SHA][Cu]} \qquad (13)$$

(as cargas são omitidas para simplificação)

onde [M] e [Cu] são determinadas nos filtrados obtidos por ultrafiltração com o sistema de ultrafiltração ilustrado na Figura 29; [M-SHA] = $C_{metal\ total}$ - [M], onde $C_{metal\ total}$ é a concentração de metal originalmente complexado pela SHA determinada no tempo zero, ou seja, a primeira alíquota do filtrado antes da adição de íons Cu (II); [Cu-SHA] = $Cu_{adicionado}$ - [Cu], onde $Cu_{adicionado}$ é o somatório da concentração de íons Cu (II) adicionados para cada intervalo de tempo.

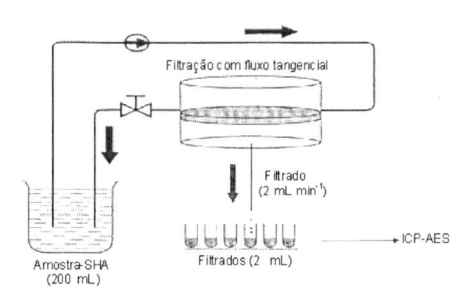

FIGURA 29 – Esquema do procedimento analítico utilizado para estudo de troca entre espécies metálicas originalmente complexadas em frações húmicas aquáticas e íons Cu(II). Condições: sistema de ultrafiltração (Sartorius Ultrasart X), equipado com membrana de porosidade de 1 kDa e 47 mm de diâmetro (*polyethersulfone*, Gelman Pall-Filtron OMEGA).

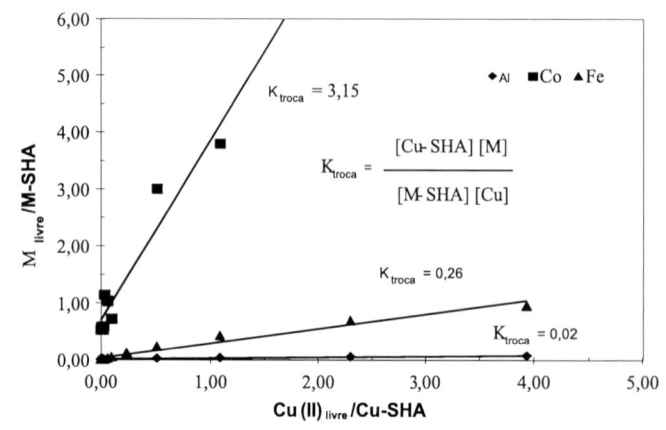

FIGURA 30 – Equilíbrio de troca entre M-SHA (M=Co, Al e Fe) e íons Cu(II) da fração F_3 (50-30 kDa).

$$K_{troca} = \frac{[Cu\text{-}SHA][M]}{[M\text{-}SHA][Cu]}$$

No Quadro 22 estão expressas as constantes de troca determinadas para as várias frações húmicas, as quais caracterizam a troca entre espécies metálicas originalmente complexadas pelas SHA e íons Cu(II).

O procedimento está baseado em ultrafiltração utilizando-se membrana de 1 kDa. Entretanto, F_6 (< 5 kDa) pode conter espécies metálicas complexadas em moléculas de SHA menores que 1 kDa. A passagem destas pela membrana causa erros experimentais, impossibilitando o tratamento matemático para a determinação da constante da referida fração.

De acordo com a equação 12, o valor da constante de troca é inversamente proporcional à estabilidade do complexo M-SHA. Determinaram-se constantes de troca entre íons Cu(II) e os íons Al, Fe menores que 1, em todas as frações estudadas, indicando que os complexos Al-SHA e Fe-SHA possuem maiores estabilidades que os complexos Cu-SHA. Comparando-se a estabilidade desses dois complexos nas diferentes frações, observa-se que o complexo Fe-SHA possui, em média, estabilidade sete vezes maior que o complexo Al-SHA. Para o complexo Co-SHA foram determinadas constantes de troca sempre maiores que 1, indicando menor estabilidade que os complexos Cu-SHA. Também para os complexos (Co-SHA), observaram-se maior variação das constantes de troca nas diferentes frações que para os complexos Al-SHA e Fe-SHA. Para íons trivalentes há menor dependência da estabilidade do complexo em função do tamanho molecular. Os resultados das constantes de troca dos complexos, apresentados no Quadro 22, permitem estabelecer a seguinte ordem de estabilidade dos metais: Al>>Fe>Cu>>Co. Esses resultados são corroborados por Burba, Van den Bergh & Klockow (2001): quando da caracterização *on-site* de águas naturais foram determinados valores de K_{troca} << 1 para complexos de formados entre SHA e espécies metálicas trivalentes.

Quadro 22 – Constantes de troca entre íons Cu(II) e espécies metálicas nas frações húmicas de diferentes tamanhos moleculares

Frações / constantes de troca					
Metais	F_1	F_2	F_3	F_4	F_5
Co	8,30	2,81	3,15	1,10	24,24
Al	0,09	0,11	0,02	0,04	0,07
Fe	----	0,47	0,26	0,29	0,40

7 CONSIDERAÇÕES FINAIS, NOVAS PERSPECTIVAS E APLICAÇÕES DAS SUBSTÂNCIAS HÚMICAS

Estudos associados às substâncias húmicas aquáticas são recentes e de grande relevância para melhor interpretação de fenômenos de acúmulo, transporte, biodisponibilidade etc. de espécies químicas nos sistemas aquáticos. Embora estejam disponíveis várias técnicas e procedimentos analíticos que empregam métodos químicos, físicos e espectroscópicos, a caracterização de SHA, especificamente em relação às suas interações com espécies metálicas, é uma tarefa difícil, carecendo ainda de desenvolvimento de procedimentos analíticos mais adequados, como:

- adequação de procedimentos de preservação das amostras de água e suas espécies metálicas originalmente complexadas;
- desenvolvimento/aprimoramento dos procedimentos de extração/fracionamento das SHA que altere o mínimo possível as características originais da amostra;
- padronização de procedimentos analíticos para caracterização da labilidade de espécies metálicas;
- procedimentos para caracterização/quantificação das interações entre as espécies metálicas e os sítios complexantes presentes nas SHA.

Com o objetivo de minimizar a influência de alguns desses inconvenientes, Burba, Van den Bergh & Klockow (2001) e Rocha et al. (2002) têm trabalhado no desenvolvimento de procedimentos de campo, os quais permitam a caracterização de espécies metais-SOR (Substâncias Orgânicas Refratárias – SOR, do inglês *Refractory Organic Substances in Environmental* – ROSE) *on-site* e/ou *in-situ*. Esses autores, utilizando sistema de ultrafiltração equipado com membrana de 1 hDa (Figura 29), têm determinado constantes de troca de metais em SOR conforme mostram as Figuras 31a,b. A estabilidade relativa de espécies metal-SOR é caracterizada *on-site* baseando-se na reação de troca do(s) metal(is) por um ligante (por exemplo: EDTA, DTPA) ou mesmo outro metal.

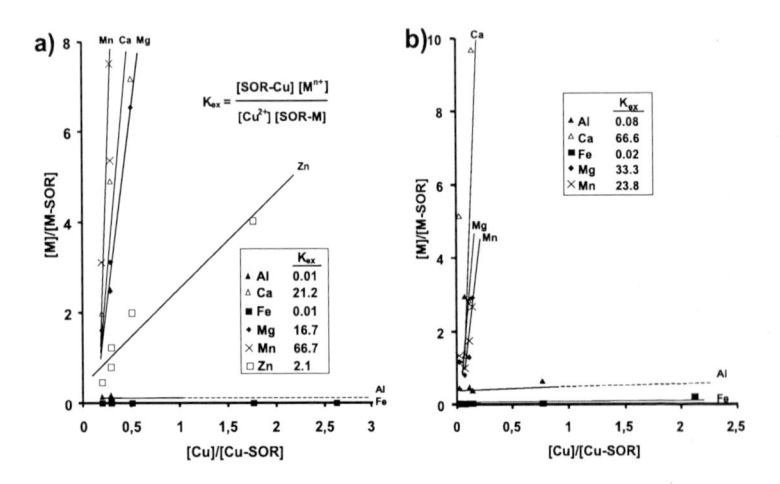

FIGURA 31 – Caracterização *on-site* de troca de metais complexados por SHA e íons Cu(II). (a) Amostra coletada em julho de 1998 no Reservatório Hohlohsee (Alemanha); b) Amostra coletada em junho de 1999 no Reservatório Hohlohsee (Alemanha). Adaptada de Burba, Van den Bergh & Klockow (2001).

O procedimento analítico desenvolvido por Burba, Van den Bergh & Klockow (2001) traz novas perspectivas para estudos de especiação de metais em ambientes aquáticos. A possibilidade de se fazer experimentos *on-site*, ou seja, imediatamente após a coleta da amostra e praticamente sem pré-tratamento desta, possibilita evitar alterações, as quais provavelmente ocorrem durante o transporte, estocagem e extração e purificação da amostra. Assim, com base nos resultados, é possível obter interpretações mais próximas das situações reais ocorridas no ambiente aquático, condição especial e de fundamental importância em estudos ambientais.

Entre as novas e promissoras aplicações das SH destaca-se também o trabalho desenvolvido por Rosa et al. (2000). Esses autores utilizaram as SH para preparação de um novo suporte para imobilização da enzima invertase. A invertase possui interesse industrial, pois é responsável pela hidrólise da sacarose gerando uma mistura equimolar de frutose e glicose (açúcar invertido) a qual tem sido utilizada no preparo de produtos alimentícios especiais para diabéticos. A imobilização da invertase e sua aplicação em processos contínuos para produção do açúcar invertido é atraente, uma vez que se consegue um produto final de elevada pureza, típico do processo biológico e ainda sem causar inconvenientes de águas residuais, muito comum nos processos químicos. Em comparação com a hidrólise pela enzima solúvel, o método que utiliza a invertase imobilizada pode reduzir bastante os custos do processo, pois elimina etapas posteriores ao processo de hidrólise, e principalmente reduz a quantidade necessária de enzima. Alta produtividade, alta estabilidade e baixo custo para imobilização da invertase são requisitos fundamentais para competir com o processo tradicional (Mansfeld, Schellenberger & Rombach, 1992).

Comparando-se as atividades da invertase imobilizada em vários suportes, Rosa et al. (2000) e Rosa (2001), propuseram a ativação da aminopropil sílica por SH como um método viável e interessante para a imobilização da invertase. Outra vantagem do suporte desenvolvido em relação aos tradicionais foi a redução dos custos de sua preparação, pois as SH podem ser extraídas de águas naturais e de solos ricos em matéria orgânica a baixo custo (Rosa et al., 2000; Rosa, 2001).

O novo suporte preparado para imobilização da enzima invertase abre uma nova perspectiva para aplicação das SH nas mais diversas áreas relacionadas à imobilização de enzimas. Além disso, há ainda a possibilidade de ser estudada sua aplicação como suporte para preparação de resinas trocadoras de íons e colunas cromatográficas. Santos et al. (2003) compararam o poder complexante entre SH e α-aminoácidos (metionina, sulfóxido de metionina e cloridrato de cisteína) por elementos-traço de interesse biológico. Os resultados mostraram que para algumas espécies metálicas as SH são complexantes seletivos com maior capacidade de complexação que os α-aminoácidos. Esses resultados abrem novas perspectivas para estudos futuros sobre possíveis aplicações terapêuticas das substâncias húmicas.

8. REFERÊNCIAS BIBLIOGRÁFICAS

ABBT-BRAUN, G. Spectroscopic characterization of humic substances in the ultraviolet and visible region and by infrared spectroscopy. In: MATTHESS, G. et al. (Ed.) *Progress in hydro geochemistry*. Berlin: Springer-Verlag, 1992. p.29-32.

AIKEN, G. R. Isolation and concentration techniques for aquatic humic substances. In: AIKEN, G. R. et al. (Ed.) *Humic substances in soil, sediment and water*: geochemistry, isolation and characterization. New York: John Wiley & Sons, 1985. p.363-85.

_____. A critical evaluation of the use of macroporous resins for the isolation of aquatic humic substances. In: FRIMMEL, F. H., CHRISTMAN, R. F. (Ed.) *Humic substances and their role in the environment*. New York: John Wiley & Sons, 1988. p.15-27.

AIKEN, G. R. et al. Comparison of XAD macroporous resins for the concentration of fulvic acid from aqueous solution. *Anal. Chem.*, v.51, p.1799-1803, 1979.

_____. (Ed.) *Humic substances in soil, sediment and water*: geochemistry, isolation and characterization. New York: John Wiley & Sons, 1985. 675p.

ALBERTS, J. J. et al. Elemental mercury evolution mediated by humic acid. *Science*, v.184, p.895-7, 1974.

ALLARD, B., ARSENIE, I. Abiotic reduction of mercury by humic substances in aquatic system: an important process for the mercury cycle. *Water Air Soil Pollut*, v.56, p.457-64, 1991.

ALLOWAY, B. J. *Heavy metal in soils*. 2.ed. New York: John Wiley & Sons, 1993. 339p.

ARAÚJO, A. B. et al. Distribuição de metais e determinação da constante de troca de frações húmicas aquáticas de diferentes tamanhos moleculares. *Quím. Nova*, v.25, p.1103-1107, 2002.

ASTER, B. Fraktionierung und charakterisierung von aquatischen huminstoffen und ihrer mettalspezies: untersuchungen mittels mehrstufen-ultrafiltration, metallaffinitäts-chromatographie sowieaustauschreaktionen. Dortmund, 1998. Tese (Doutorado) – Universidade de Dortmund.

ASTER, B., BURBA, P., BROEKAERT, J. A. C. Analytical fractionation of aquatic humic substances and their metal species by means of multistage ultrafiltration. *Fresenius J. Anal. Chem.*, v.354, p.722-8, 1996.

ASTER, B., VON BOHLEN, A., BURBA, P. Determination of metals and their species in aquatic humic substances by using total reflection x-ray fluorescence spectrometry. *Spectrochim. Acta.*, v.52, p.1009-18, 1997.

BARCELÓ, D. Occurence, handling and chromatographic determination of pesticides in the aquatic environment. *Analyst*, v.116, p.681-9, 1991.

BERNHARD, M., BRINCKMAN, F. E., SADLER, P. J. (Ed.) *The importance of chemical speciation in environmental process*. Berlim: Springer-Verlag, 1986. 761p.

BLOOM, P. R., MCBRIDE, M. B., WEAVER, R. M. Aluminum organic matter in acid soils: buffering and solution aluminum activity. *Soil Sci. Soc. Amer. J.*, v.43, p.488-93, 1979.

BRACEWELL, J. M., ROBERSON, G. W., WILLIAMS, B. L. Pyrolysis-mass spectrometry studies of humification in a peat and a peaty podzol. *J. Anal. Appl. Pyrol.*, v.2, p.239-48, 1980.

BRACEWELL, J. M. et al. Thermal degradation relevant to structural studies of humic substances. In: HAYES, M. H. B. et al. (Ed.) *Humic substances II*. New York: John Wiley & Sons, 1989. p.180-222.

BUFFLE, J. *Complexation reactions in aquatic systems*: an analytical approach. New York: Ellis Horwood, 1990. 692p.

BURBA, P. Labile/inert species in aquatic humic substances an ion-exchange study. *Fresenius. J. Anal. Chem.*, v.348, p.301-11, 1994.

_____. Zur analytik von huminstoffen und ihren metallspezies. In: *Gewassem, Analytiker-Taschenbuch*. Heidelberg: Springer-Verlag, 1998. Bd. 20, p.45-70.

BURBA, P., ROCHA, J. C., KLOCKOW, D. Labile complexes of trace metals in aquatic humic substances investigations by means of ion exchange-based flow procedure. *Fresenius J. Anal. Chem.*, v.349, p.800-7, 1994.

BURBA, P., ROCHA, J. C., SCHULTE, A. Cellulose TETPA: a chelating collector designed for multielement preconcentration in flow systems. *Fresenius J. Anal. Chem.*, v.346, p.414-9, 1993.

BURBA, P., SHKINEV, V., SPIVAKOV, B. Y. On-line fractionation and characterization of aquatic humic substances by means of sequential-stage ultrafiltration. *Fresenius J. Anal. Chem.*, v.351, p.74-82, 1995.

BURBA, P., VAN den BERGH, J., KLOCKOW, D. On-site characterization of humic-rich hydrocolloids and their metal loads by means of mobile size-fractionation and exchange techniques. *Fresenius J. Anal. Chem.*, v.371, p.660-9, 2001.

BURBA, P. et al. On line multi-stage membrane filtration devices optimized for analytical separation of microparticles and dissolved macromolecules. *Intern. Lab.*, v.Okt., p.24-5, 1997.

_____. Membrane filtration studies of aquatic humic substances and their metal species: a concise overview: part 1- Analytical fractionation by means of sequential-stage ultrafiltration. *Talanta*, v.45, p.977-88, 1998.

CALDERONI, G., SCHNITZER, M. Effects of age on the chemical structure of paleosol humic acids and fulvic acids. *Geochim. Cosmochim. Acta*, v.48, p.2045-51, 1984.

CARDOSO, E. J. B. N., TSAI, S. M., NEVES, M. C. P. *Microbiologia do solo*. Campinas: Sociedade Brasileira de Ciência do Solo, 1992.

CHAPMAN, P. M. et al. Evaluation of bioaccumulation factors in regulating metals. *Environ. Sci. Technol.*, v.30, p.448-52, 1996.

CHENG, K. L. Separation of humic acid with XAD resins. *Mikrochim. Acta*, v.2, p.389-96, 1977.

CHOUDHRY, G. G. Interactions of humic substances with enviromental chemicals. In: AWTZINGER, O. *The handbook of enviromental chemistry*. Berlim: Springer-Verlag, 1982. p.103-27.

DANIELSSON, L. G. On the use of filters for distinguishing between dissolved and particulate fractions in natural waters. *Water Res.*, v.16, p.179-82, 1982.

DUXBURY, J. M. Studies of the molecular size and charge of humic substances by eletrophoresis. In: HAYES, M. H. B. et al. (Ed.) *Humic substances II*: in search of structure. New York: John Wiley & Sons, 1989. p.593-620.

EBERLE, S. H., SCHWEER, K. H. Determination of humic acids and ligninsulfonic acids in water by liquid-liquid extraction. *Vom Wasser*, v.41, p.27-44, 1973.

ENCYCLOPEDIA of analytical science. London: Academic Press, 1995. p.2017-27.

FADINI, P. S., JARDIM, W. F. Is the Rio Negro basin (Amazon) impacted by naturally occoring mercury? *Sci. Total. Environ.*, v.275, p.71-82, 2001.

FINCH, P., HAYES, M. H. B., STACEY, M. The biochemistry of soil polissacarides. In: MCLAREN & SKUJINS (Ed.) *Soil biochemistry*. New York: Marcel Decker, 1971. v.2, p.257-319.

FISH, W., MOREL, F. Propagation of error in fulvic acid titration data. A comparison of three analytical methods. *Can J. Chem.*, v.63, p.1185-93, 1985.

FRASER, D. C. Organic sequestration of cooper. *Econ. Geol.*, v.56, p.1063-78, 1961.

FRIMMEL, F. H. Complexation of paramagnetic metal ions by aquatic fulvic acids. In: BROEKAERT, J. A. C., GÜCER, S., ADAMS, F. (Ed.). *Metal speciation in the environment*. Berlim: Springer, 1990. p.57-69.

_____. Investigations of metal complexation by polarography and fluorescence spectroscopy. In: MATTHESS, G. et al. (Ed.) *Progress in hydrogeochemistry*. Berlim: Springer-Verlag, 1992. p.61-5.

FRIMMEL, F. H., ABBT-BRAUN, G. Comparison of aquatic humic substances of different origin. In: ALLARD, A., BOREN, H., GRIMVALL, A. (Ed.) *Humic substances in the aquatic and terrestrial environment*. Berlin: Springer, 1991. p.37-46.

FRIMMEL, F. H., GEYWITZ, J. On the coordination between metals and aquatic humic material. *Fresenius Z. Anal. Chem.*, v.316, p.582-8, 1983.

GAMBLE, D. S., UNDERDOWN, A. W., LANGFORD, C. H. Copper (II) titration of fulvic-acid ligand sites with theoretical, potentiometric, and spectrophotometric analysis. *Anal. Chem.*, v.52, p.1901-8, 1980.

GHOSH, K., SCHNITZER, M. Macromolecular structures of humic substances. *Soil Sci.*, v.129, p.266-76, 1980.

GJESSING, E. T. Ultrafiltration of aquatic humus. *Environ. Sci. Technol.*, v.4, p.437-8, 1970.

GOETZ, V., REMAUND, M., GRAVES, D. J. A novel magnetic silica support for use in chromatographic and enzymatic bioprocessing. *Biotechnol. Bioeng.*, v.37, p.614-26, 1991.

GOMES NETO, J. A. et al. Determination of mercury in agroindustrial samples by flow-injection cold vapor atomic absorption spectrometry using ion exchange and reductive elution. *Talanta*, v.51, p.587-94, 2000.

GREGOR, J. E., POWEL, H. K. J. Effects of extraction procedures on fulvic acid properties. *Sci. Total Environ.*, v.62, p.3-12, 1987.

HAIDER, K., SCHULTEN, H. R. Pyrolysis-field ionization mass spectrometry of lignins, soil humic compounds and whole soil. *J. Anal. Appl. Pyro.*, v.8, p.317-31, 1985.

HALMA, G. et al. Characterization of soil types by pyrolysis-mass spectrometry. *Agrochim.*, v.22, p.372-81, 1978.

HART, B. Trace metal complexing capacity of natural waters: a review. *Environ. Technol. Lett.*, v.2, p.95-110, 1981.

HAYES, M. H. B. Extraction of humic substances from soil. In: AIKEN, G. R. et al. (Eds.) *Humic substances in soil, sediment and water*: geochemistry, isolation and characterization. New York: John Wiley & Sons, 1985. p.330-4.

_____. Humic substances: progress towards more realistic concepts of structures. In: DAVIES, G., GHABBOUR, E. A. (Ed.) *Humic substances*: structures, properties and uses. Cornwall: MPG Books, 1998. p.259.

HAYES, M. H. B., SWIFT, R. S. The chemistry of soil organic colloids. In: GREENLAND, D. J., HAYES, M. H. B. (Ed.) *The chemistry of soil constituents*. New York: John Wiley & Sons, 1978. p.179-230.

HAYES, M. H. B. et al. (Ed.) *Humic substances II*: in search of structure. New York: John Wiley & Sons, 1989. 747p.

HEINTZE, S. G., MANN, P. J. G. Divalent manganese in soil extracts. *Nature*, v.158, p.791-2, 1946.

HELBURN, R. S., MacCARTHY, P. Detemination of some redox properties of humic acid by alkaline ferricyanide titration. *Anal. Chim. Acta*, v.295, p.263-72, 1994.

HEMOND, H. F., FECHNER-LEVY, E. J. *Chemical fate and transport in the environment*. 2.ed. New York: Academic Press, 2000. p.433.

HEMPFLING, R., SCHULTEN, H.-R. Pyrolysis-(gas chromatography) mass spectrometry of agricultural soils and their humic fractions. *Z. Pflan-zenernahr. Bodenk.*, v.154, p.425-30, 1991.

HEUMANN, K. G. et al. Element Determination and its Quality Control in Fractions of Refractory Organic Substances and the Corresponding Original Water Samples. In: FRIMMEL, F. H. et al. (Ed.) *Refractory Organic Substances in the Environment*. Heidelberg: Wiley-VCH, 2002. p.39-53.

HOBSON, R. P., PAGE, H. J. Carbon and nitrogen cycles in the soil. The nature of the organic nitrogen compounds of the soil: humic nitrogen. *J. Agr. Sci.*, v.22, p.497-515, 1932.

HOLT, M. S. Sources of chemical contaminants and routes into the freshwater environment. *Food Chem. Toxicol.*, v.38, p.21-7, 2000.

HOOD, D. W., STEVENSEN, B., JEFFREY, L. M. Deep sea disposal of industrial wastes. *Ind. Eng. Chem.*, v.50, p.885-8, 1958.

HOWARTH, R. J., SINDING-LARSEN, R. Multivariate analysis. In: HOWARTH, R. J. *Statistics and data analysis in geochemical prospecting*. Amsterdam: Elsevier, 1983. p.207-89.

JARDIM, W. F. *Contaminação por mercúrio*: fatos e fantasias. *Ciência Hoje*, v.7, p.78-9, 1988.

JARDIM, W. F., FADINI, P. S. Há muito mercúrio natural no Rio Negro, sem relação com o garimpo. *Rev. Fapesp*, v.47, p.32-5, 1999.

JENKINSON, D. S. *The chemistry of soil process*. New York: Wiley & Sons, 1991. p.505-55.

KHYM, J. X. *Analytical ion-exchange procedures in chemistry and biology*. New Jersey: Prentice-Hall, 1974. p.67-71.

KINNIBURG, D. G. et al. Metal ion binding by humic acid: application of the NICA-Donnan model. *Environ. Sci. Technol.*, v.30, p.1687-98, 1996.

KIRBY, A. J. Hidrolysis and formation of esters of organic acids. In: BANFORD, C. H., TIPPER, C. F. M. (Ed.) *Comprehensive chemical kinetics*. London: Elsevier, 1972. p.57-208.

KONONOVA, M. M. *Soil organic matter*: its nature, its role in soil formation and in soil fertility. New York: Pergamon Press, 1966.

KUCKUK, R., BURBA, P. Analytical fractionation of aquatic humic substances by metal affinity chromatography on iron(III) coated cellulose. *Fresenius J. Anal. Chem.*, v.366, p.95-101, 2000.

KUCKUK, R., BURBA, P., DAVIES, A. N. Pirolysis-GC-FTIR for structural elucidation of aquatic humic substances. *Fresenius J. Anal. Chem.*, v.350, p.528-32, 1994.

LACERDA, D. L. Contaminação por mercúrio no Brasil: fontes industriais versus garimpo de ouro. *Quím. Nova.*, v.20, p.196-9, 1997.

LACERDA, D. L., SALOMONS, W. *Mercury from gold and silver mining*: a chemical time bomb? Berlin: Springer, 1998. 146p.

LACORTE, S., BARCELÓ, D. Rapid degradation of fenitrothion in estuarine waters. *Environ. Sci. Technol.*, v.28, p.1159-63, 1994.

LAKATOS, B., TIBAI, T., MEISEL, J. EPR spectra of humic acids and their metal complexes. *Geoderma*, v.19, p.319-38, 1977.

LIAO, N. et al. Structural characterization of aquatic humic material. *Environ. Sci. Technol.*, v.16, p.403-10, 1982.

LUND, W. The complexation of metal ions by humic substances in natural waters. In: BROEKAERT, J. A. C., GÜÇER, S., ADAMS, F. (Ed.) *Metal speciation in the environment*. Berlin: Springer-Verlag, 1990. p.45-55.

MAILLARD, L. C. Synthesis of humus-like substances by the interaction of amino acids and reducing sugars. *Ann. Chim. Phys.*, v.5, p.258-317, 1916.

MALCOLM, R. L. Geochemistry of stream fulvic and humic substances. In: AIKEN, G. R. et al. (Ed.) *Humic substances in soil, sediment and water*: geochemistry, isolation and characterization. New York: John Wiley & Sons, 1985. p.181-209.

MALCOLM, R. L. The uniqueness of humic substances in each of soil, stream and marine environments. *Anal. Chim. Acta*, v.232, p.19-30, 1990.

MALCOLM, R. L., MacCARTHY, P. Limitations in the use of commercial humic acids in water and soil research. *Environ. Sci. Technol.*, v.20, p.904-11, 1986.

MANSFELD, J., SCHELLENBERGER, A. Invertase immobilized on macroporous polystyrene: properties and kinect characterization. *Biotechnol. Bioeng.*, v.29, p.72-9, 1987.

MANSFELD, J., SCHELLENBERGER, A., ROMBACH, J. Application of poly-styrene-bound invertase to continuous sucrose hydrolysis on pilot scale. *Biotechnol. Bioeng.*, v.40, p.997-1003, 1992.

MAREK, M., VALENTOVÁ, O., KAS, J. Invertase immobilization its carbohydrate moiety. *Biotechnol. Bioeng.*, v.26, p.1223-6, 1984.

MARINSKY, J. A., EPHRAIM, J. An unified physicochemical description of the protonation and metal-ion complexation equilibria of natural organic-acids (humic and fulvic-acids) 1. Analysis of the influence of polyelectrolyte properties on protonation equilibria in ionic media – fundamental concepts. *Environ. Sci. Technol.*, v.20, p.349-54, 1986.

MATTHIESSEN, A. Determining the redox capacity of humic substances as a function of pH. *Von Wasser*, v.84, p.229-35, 1995.

_____. Reduction of divalent mercury by humic substances. Kinetic and quantitative aspects. *Sci. Total Environ.*, v.213, p.177-83,1998.

MINDERMAN, G. Addition, decomposition and accumulation of organic matter in forests. *J. Ecol.*, v.56, p.360-6, 1960.

MOED, J. R. Aluminum oxide as adsorbent for natural water soluble yellow material. *Limnol. Oceanogr.*, v.16, p.140-2, 1971.

MONSAN, P., COMBES, D., ALEMZADEH, I. Application of immobilized invertase to continuous hydrolysis of concentrateds sucrose solutions. *Biotechnol. Bioeng.*, v.29, p.658-64, 1984.

MORRISON, G. M. P., BATLEY, G. E., FLORENCE, T. M. Metal speciation and toxicity. *Chem. Brit.*, v.25, p.791, 1989.

ÓDEN, S. The humic acids, studies in their chemistry, physics and soil science. *Kolloidchem. Beih.*, v.11, p.75-260, 1919.

OTSUKI, A., WETZEL, R. G. Interation of yellow organic acids with calcium carbonate in fresh water. *Limnol. Oceanogr.*, v.18, p.490-3, 1973.

PADILHA, P. M. Contribuição ao estudo das interações físico-químicas entre os cátions cobre(II) e as celuloses naturais e modificadas quimicamente. Aplicação analítica na pré-concentração e separação de cátions metálicos. Araraquara, 1993. Tese (Doutorado em Química Analítica) – Instituto de Química, Universidade Estadual Paulista.

PADILHA, P. M. et al. Estudo das propriedades de troca iônica e/ou adsorção da celulose e celuloses modificadas. *Quím. Nova*, v.18, p.529-33, 1995.

_____. Pre-concentration of Cd(II); Cr(III); Cu(II) and Ni(II) on a colunm packed with free carboxymethycellulose (CMCH). *J. Braz. Chem. Soc.*, v.8, p.333-7, 1997a.

_____. Preconcentration of heavy metals inons from aqueous solutions by means of cellulose phosphate: an application in water analysis. *Talanta*, v.45, p.317-23,1997b.

PAGE, H. J. Studies on the carbon and nitrogen cycles in the soil. *J. Agr. Sci.*, v.20, p.455-59, 1930.

PERDUE, E. M. Measurements of binding site concentrations in humic susbtances. In: KRAMER, J. R., ALLEN, H. E. (Ed.) *Metal speciation: theory, analysis and applications*. New York: Lewis Chelsea, 1988. p.135-54.

PEURAVUOI, J., PIHLAJA, K. Molecular size distribution and spectroscopic properties of aquatic humic substances. *Anal. Chim. Acta*, v.337, p.133-49, 1997.

PICCOLO, A. Differences in high performance size exclusion chromatography between humic substances and macromolecular polymers. In: GHABBOUR, E. A., DAVIES, G. (Ed.) *Humic substances versatile components of plants, soil and water*. Cornwall: Royal Society of Chemistry, 2000. p.111-24.

PICCOLO, A., CONTE, P. Molecular size of humic substances. Supramolecular associations versus macromolecular polymers. *Adv. Environ. Res.*, v.3, p.511-21, 1999.

PICCOLO, A., STEVENSON, F. J. Infrared spectra of Cu^{2+}, Pb^{2+} and Ca^{2+} complexes of soil humic substances. *Geoderma*, v.27, p.195-208, 1982.

PICCOLO, A., NARDI, S., CONCHERI, G. Micelle-like conformation of humic substances as revealed by size exclusion chromatography. *Chemosphere*, v.33, p. 595-602, 1996.

POMMER, A. M. Reduction of quinqevalent vanadium solutions by wood and lignite. *Geochim. Cosmochim. Acta*, v.13, p.20-7, 1957.

POST, B., KLAMBERG, H. Characterization of humic susbtances fractionated by organic solvents. In: MATTHESS, G. et al. (Ed.) *Progress in Hydrogeochemistry*. Berlin: Springer-Verlag, 1992. p.56-61.

REUTER, J. H., PERDUE, E. M. Importance of heavy metal-organic matter interactions in natural waters. *Geochim. Cosmochim. Acta*, v.41, p.325-34, 1977.

RILEY, J. P., TAYLOR, D. The analytical concentration of traces of dissolved organic materials from seawater with Amberlite XAD-1. *Anal. Chim. Acta*, v.46, p.307-9, 1969.

ROCHA, J. C., BURBA, P., KLOCKOW, D. Mercúrio em substâncias húmicas aquáticas: investigação da reatividade através de resina trocadora iônica seletiva para Hg (II). I. Estudos prévios com procedimento em fluxo. *Eclét. Quím.*, v.18, p.83-92, 1993.

ROCHA, J. C., OLIVEIRA, S. C. de, SANTOS, A. dos. Recursos hídricos: noções básicas sobre o desenvolvimento do saneamento básico. *Saneam. Ambient.*, v.49, p.36-43, 1996.

ROCHA, J. C., ROSA, A. H., FURLAN, M. An alternative methodology for the extraction of humic substances from organic soils. *J. Braz. Chem. Soc.*, v.9, p.51-6, 1998.

ROCHA, J. C., SANTOS, A., SENE, J. J. Método modificado para determinação de mercúrio por espectrofotometria de absorção atômica sem chama. *Eclét. Quím.*, v.19, p.119-27, 1994.

ROCHA, J. C., TOSCANO, I. A. S., BURBA, P. Lability of heavy metal species in aquatic humic substances characterized by ion exchange with cellulose phosphate. *Talanta*, v.44, p.69-74, 1997.

ROCHA, J. C., TOSCANO, I. A. S., CARDOSO, A. A. Relative lability of trace metals complexed in aquatic humic substances using ion-exchanger cellulose-hyphan. *J. Braz. Chem. Soc.*, v.8, p.239-43, 1997.

ROCHA, J. C. et al. Interaction of mercury(II) with humic substances from the Rio Negro (Amazonas States, Brazil) by means of ion exchange procedure. *J. Braz. Chem. Soc.*, v.9, p.79-84, 1998.

_____. Multi-method study an aquatic humic substances from "Rio Negro", Amazonas State, Brazil. Emphasis on molecular-size classification of their metal contents. *J. Braz. Chem. Soc.*, v.10, p.169-75, 1999.

_____. Aquatic humus from an unpolluted Brazilian dark-brown stream: general characterization and size fractionation on bound heavy metals. *J. Envir. Monit.*, v.2, p.39-44, 2000a.

_____. Reduction of mercury (II) by tropical river humic substances (Rio Negro) – A possible process of the mercury cycle in Brazil. *Talanta*, v.53, p.551-p.410-2, 2000b.

_____. Substâncias húmicas: sistema de fracionamento seqüencial por ultrafilhação com base no tamanho molecular. *Quím. Nova*, v.23, p.410-2, 2000c.

ROCHA, J. C. et al. Characterization of humic-rich hydrocolloids and their metal species by means of competing ligand and metal exchange-an on site approach. *J. Environ. Monit.*, v.4, p.799-802, 2002.

ROCHA, J. C. et al. Reduction of mercury(II) by tropical river humic substances (Rio Negro) – Part II. Influence of structural features (molecular size, aromaticity, phenolic groups, organically bound sulfur). *Elsevier Science*, 23 Jun. 2003. Disponível em <http://www.sciencedirect.com>.

ROOK, J. J. Formation of haloforms during chlorination of natural water. *Water Treatment Exam.*, v.23, p.234-43, 1974.

_____. Chlorination reactions of fulvic acids in natural waters. *Environ. Sci. Technol.*, v.11, p.478-82, 1977.

ROSA, A. H. Desenvolvimento de metodologia para extração de substâncias húmicas de turfas utilizando-se hidróxido de sódio. Araraquara, 1998. Dissertação (Mestrado em Química Analítica) – Instituto de Química, Universidade Estadual Paulista.

_____. Substâncias húmicas: extração, caracterização, novas perspectivas e aplicações. Araraquara, 2001. Tese (Doutorado em Química Analítica) – Instituto de Química, Universidade Estadual Paulista.

ROSA, A. H., ROCHA, J. C., FURLAN, M. Substâncias húmicas de turfa: estudo dos parâmetros que influenciam no processo de extração alcalina. *Quím. Nova*, v.23, p.472-6, 2000.

ROSA, A. H., ROCHA, J. C., SARGENTINI JR., É. A flow procedure for extraction and fractionation of humic substances from soils. In: SWIFT, R. S., SPARK, K. M. (Ed.) *Understanding and managing organic matter in soils, sediments, and waters*. New York: International Humic Substances Society, 2001. p.41-6.

ROSA, A. H. et al. Oxidação de substâncias húmicas de turfa durante o processo de extração alcalina. Estudo espectroscópico na região do infravermelho e do visível. *Anais Assoc. Bras. Quím.*, v.47, p.25-8, 1998.

_____. A new application of humic substances: activation of supports for invertase immobilization. *Fresenius J. Anal. Chem.*, v.368, p.730-3, 2000.

_____. Utilização de substâncias húmicas na preparação de um novo suporte para imobilização da enzima invertase. 2001. Patente: processo de registro em andamento.

ROULET, N. et al. Separation of carbohydrates and nitrogen compounds from humic substances by gel filtration and ion-exchange chromatography. *Z. Pflanzenernahr. Dueng. Bodenk.*, v.103, p.1-9, 1963.

SAIZ-JIMINEZ, C. C. et al. Comparison of humic and fulvic acids from different soils by pyrolysis-mass spectrometry. *Agrochimica*, v.22, p.353-9, 1978.

SANTOS, A. Distribuição de metais no reservatório de captação de água superficial Anhumas – Américo Brasiliense-SP. São Carlos, 1998.

Dissertação (Mestrado) - Instituto de Química de São Carlos, Universidade de São Paulo.
SANTOS, A. *Interações entre espécies metálicas e substâncias húmicas extraídas de solos da microbacia de drenagem do reservatório de captação de água Anhumas - Araraquara - SP*. São Carlos, 2003. Tese (Doutorado) - Instituto de Química de São Carlos, Universidade de São Paulo.
SANTOS, T. C. R., ROCHA, J. C., BARCELÓ, D. Multiresidue analysis of pesticides in water from rice cultures by on-line solid phase extraction followed by LC-DAD. *Intern. J. Environ. Anal. Chem.*, v.70, p.19-28, 1998.
SANTOS, T. C. R. et al. Rapid degradation of propanil in rice crop fields. *Environ. Sci. Technol.*, v.32, p.3479-84, 1998.
_____. Competition between humic substances and a-amino acids by metal species. *J. Braz. Chem. Soc.*, 2003. (In press).
SARGENTINI JR., É. et al. Substâncias húmicas aquáticas: fracionamento molecular e caracterização de rearranjos internos após complexação com íons metálicos. *Quím. Nova*, v.24, p.339-44, 2001.
SCHERAGA, H. A. Interactions in aqueous solution. *Accounts Chem. Res.*, v.12, p.7-14, 1979.
SCHNITZER, M., KHAN, S. U. *Soil organic matter*. Amsterdam: Elsevier, 1978. 319p.
SCHNITZER, M., NEYROUD, J. A. Alkanes and fatty acids in humic substances. *Fuel*, v.54, p.17-9, 1975.
SCHNITZER, M., SKINNER, S. I. M. Alkali versus acid extraction of soil organic matter. *Soil Sci.*, v.105, p.392-6, 1968.
SCHULTEN, H. R. The three-dimensional structure of humic substances and soil organic matter studied by computacional analytical chemistry. *Fresenius J. Anal. Chem.*, v.351, p.62-73, 1995.
SENESI, N. Nature of interactions between organic chemicals and dissolved humic substances and the influence of environmental factors. In: BECK, A. J. et al. (Ed.) *Organic substances in soil and water*: natural constituents and their influences on contaminant behaviour. Cambridge: Royal Society of Chemistry, 1993. p.73-101.
SENESI, N., MIANO, T. M., BRUNETTI, G. Methods and related problems for sampling soil and sediment organic matter. Extraction, fractionation and purification of humic substances. *Quím. Anal.*, v.13, p.26-33, 1994.
SHKINEV, M. V. et al. Speciation of metals associated with natural waters components by on-line membrane fractionation combined with

inductively coupled plasma atomic emission and mass spectrometry. *Anal. Chim. Acta*, v.327, p.167-74, 1996.

SKOGERBOE, R. K., WILSON, S. A. Reduction of ionic species by fulvic acid. *Anal. Chem.*, v.53, p.228-32, 1981.

SMITH, R. G. Evaluation of combined applications of ultrafiltration and complexation capacity techniques to natural waters. *Anal. Chem.*, v.48, p.74-6, 1976.

SPRINGER, U. The present status of humus investigation methods especialy with respect to the separation, determination and characterization of humic acid types and application to characteristic forms of humus. *Bodenkunde u. Pflanzenernahr.*, v.6, p.312-73, 1938.

STEVENSON, F. J. Extraction, fractionation, and general chemical composition of soil organic matter. In: _____. *Humus chemistry*. New York: John Wiley & Sons, 1982a. p.26-53.

_____. *Humus chemistry*: genesis, composition and reaction. New York: John Wiley & Sons, 1982b. 443p.

Cycles of soil: carbon, nitrogen, phosphorus, sulphur, micronutrients. New York: Jonh Wiley & Sons, 1985.

_____. *Humus chemistry*: genesis, composition and reaction. 2.ed. New York: John Wiley & Sons, 1994.

STUERMER, D. H., HARVEY, G. R. The isolation of humic substances and alcohol-soluble organic matter from seawater. *Deep-Sea Res.*, v.24, p.303-9, 1977.

SUFFET, I. H., MacCARTHY, P. *Aquatic humic substances*: influence on fate and treatment of pollutants. Washington: American Chemical Society, 1989. 838p.

SWIFT, R. S. Fractionation of soil humic substances. In: AIKEN, G. R. et al. (Ed.) *Humic substances in soil, sediment and water*: geochemistry, isolation and characterization. New York: Wiley & Sons, 1985. p.387-408.

_____. Molecular weight, size, shape and charge characteristics of humic substances: some basic considerations. In: HAYES, M. H. B. et al. (Ed.) *Humic substances II*. New York: John Wiley & Sons, 1989. p.450-65.

_____. Organic matter characterization. In: SPARKS, D. L. (Ed.) *Methods of soil analysis*: chemical methods. Maddison: SSSA, 1996. p.1011-69.

SWIFT, R. S., POSNER, A. M. Gel chromatography of humic acid. *J. Soil Sci.*, v.22, p.237-49, 1971.

SZILAGYI, M. Reduction of Fe^{+3} ion by humic acid preparation. *Soil Sci.*, v.111, p.233-5, 1971.

THENG, B. K. G., WAKE, J. R. H., POSNER, A. M. Fractionation precipitation of soil humic acid by ammonium sulfate. *Plant and Soil*, v.29, p.305-16, 1968.

THOMAS, F. et al. Aluminium(III) speciation with hydroxy carboxylic acids. ^{27}Al NMR study. *Environ. Sci. Technol.*, v.27, p.2511-6, 1993.

THURMAN, E. M. Humic susbtances in groundwater. In: AIKEN, G. R. et al. (Ed.) *Humic substances in soil, sediment and water*: geochemistry, isolation and characterization. New York: John Wiley & Sons, 1985. p.87-104.

THURMAN, E. M., FIELD, J. Separation of humic substances and anionic surfactants from ground water by selective adsorpton. In: SUFFET, I. H., MAcCARTHY, P. (Ed.) *Aquatic humic substances*: influence on fate and treatment of pollutants. Washington: American Chemical Society, 1989. p.107-14.

THURMAN, E. M., MALCOLM, R. L. Preparative isolation of aquatic substances. *Environ. Sci. Technol.*, v.15, p.463-6, 1981.

THURMAN, E. M., MALCOLM, R. L, AIKEN, G. R. Prediction of capacity factor for aqueous organic solutes adsorbed on a porous acrylic resin. *Anal. Chem.*, v.50, p.775-9, 1978.

TOWN, R. M., POWELL, H. K. J. Elimination of adsorption effects in gel permeation chromatography of humic substances. *Anal. Chim. Acta*, v.256, p.81-6, 1992.

TRAINA, S. J., NOVAK, J., SMECK, N. E. An ultraviolet absorbance method of estimating the percent aromatic carbon content of humic acids. *J. Environ. Qual.*, v.19, p.151-3, 1990.

VAN den BERGH, J. Characterization of aquatic humic substances-metal species and their stability by combining EDTA exchange, ultrafiltration and atomic specrometry. Dortmund, 2001. Tese (Doutorado) – Institut für Spektrochemie und Angewandte Spektroscopie.

VICENTE, A. A. Preparação de açúcar invertido por meio de invertase imobilizada em sílica. Araraquara, 2000. Dissertação (Mestrado em Biotecnologia) – Instituto de Química de Araraquara, Universidade Estadual Paulista.

VOGL, J., HEUMANN, K. G. Determination of heavy metal complexes with humic substances by HPLC/ICP-MS coupling using on-line isotope dilution technique. *Fresenius J. Anal. Chem.*, v.359, p.438-41, 1997.

WERSHAW, R. L. Model for humus in soils and sediments. *Environ. Sci. Technol.*, v.27, p.814-6, 1993.

WERSHAW, R. L., AIKEN, G. R. Molecular size and weight measurements of humic substances. In: AIKEN, G. R. et al. (Ed.) *Humic substances in soil, sediment and water*: geochemistry, isolation and characterization. New York: John Wiley & Sons, 1985. p.477-92.

XIA, K. et al. X-ray absorption spectroscopic evidence for the complexation of Hg(II) by reduced sulfur in soil humic substances. *Environ. Sci. Technol.*, v.33, p.257-61, 1999.

ZANIN, G. M. Sacarificação de amido em reator de leito fluidizado com enzima amiloglicosidase imobilizada. Campinas, 1989. Tese (Doutorado) – Faculdade de Engenharia de Alimentos, Universidade Estadual de Campinas.

ZHANG, Y. J. et al. Complexing of metal ions by humic substances. In: GAFFNEY, J. S., MARLEY, N. A. (Ed.) *Humic and fulvic*: isolation, structure and environmental role. Washington: American Chemical Society, 1996. p.194-206.

SOBRE O LIVRO

Formato: 14 x 21 cm
Mancha: 23 x 43 paicas
Tipologia: Classical Garamond 10/13
Papel: Offset 75 g/m² (miolo)
Cartão Supremo 250 g/m² (capa)
1ª edição: 2003

EQUIPE DE REALIZAÇÃO

Coordenação Geral
Sidnei Simonelli

Produção Gráfica
Anderson Nobara

Edição de Texto
Nelson Luís Barbosa (Assistente Editorial)
Ana Paula Castellani (Preparação de Original)
Fábio Gonçalves e
Ana Luiza Couto (Revisão)

Editoração Eletrônica
Lourdes Guacira da Silva Simonelli (Supervisão)
Central de Artes (Diagramação)

Impressão e Acabamento
na Gráfica Imprensa da Fé